Cuadernillo JavaScript 1: Desarrollo Web en Entorno Cliente.
99 Prácticas y Ejercicios.

Primera Impresión: 22-10-2018

ISBN   978-0-244-72737-6

Editorial: LULU.COM
www.baldoweb.org

Este libro está dedicado a los profesores de informática, que con su constancia y tesón que profesionalmente continúan actualizándose continuamente, año tras años, en todos los cambios informáticos y diferentes versiones de software que no dejan de evolucionar.

A todas esas novedades pedagógicas, que tratan de mejorar la evolución del aprendiza de nuestros alumnos e hijos, pero que no se podrían llevar a cabo sin los equipos informáticos y las personas que se encuentran detrás preparando su funcionamiento. Sobre todo recalcar que los docentes bien formados y motivados son el pilar de formación de nuestra sociedad y el futuro de nuestros alumnos.

Y sobre todo a mi familia, que con su apoyo e ilusión permiten que desarrolle mejor mi trabajo.

"Si piensas que vales lo que sabes, estás muy equivocado. Tus conocimientos de hoy no tienen mucho valor más allá de un par de años. Lo que vales es lo que puedes llegar a aprender, la facilidad con la que te adaptas a los cambios que esta profesión nos regala tan frecuentemente"

José M. Aguilar

ÍNDICE

UNIDAD DE TRABAJO 1 11

    Ejercicio 1. Estructura básica HTML 12

    Ejercicio 2. Estructura básica HTML5 12

    Ejercicio 3. Manejar la etiqueta <script> 15

    Ejercicio 4. Formulario completo de HTML5. 16

UNIDAD DE TRABAJO 2 19

    Introducción: 20

    Ejercicio 1: Ver la asignación con HOISTING 20

    Ejercicio 2: Conversiones de tipos. 20

    Ejercicio 3: Ver conversiones de tipo en el Objeto document. 20

    Ejercicio 4: Realizar conversiones con parseInt() 21

    Ejercicio 5: Definir una variable global reasignar un nuevo tipo primitivo u objeto. 21

    Ejercicio 6: Definir variables en bloques y en funciones comprobando su alcance. 21

    Ejercicio 7: Condiciones múltiples 22

    Ejercicio 8: Asignar y recorrer un Array() Asociativo. 23

    Ejercicio 9: Visualizar diferentes tipos de datos. 23

    Ejercicio 10: Definir y visualizar el contenido de un array Asociativo. 24

    Ejercicio 11: Acceso a Arrays Asociativos, creando palabras aleatorias. 24

    Ejercicio 12: Definición de un array, asignar datos, objetos. 24

    Ejercicio 13: Definir un objeto Date() 25

    Ejercicio 14: Definir un Array y un objeto Date() 25

    Ejercicio 15: Crear una ventana a partir de otra. 26

    Ejemplo 16: Crear un Array diferentes tipos de datos y objetos. 26

    Práctica 1. Programa que suma dos números. 27

    Práctica 2. Bucle que repite una cadena n veces. 27

    Práctica 3. Lee con PROMPT y lo visualiza en el documento. 27

    Práctica 4. Un número es divisible por 2. 28

    Práctica 5. Contar las vocales de una Frase. 28

    Práctica 6. Número es divisible por 2,3,5,7. 29

    Práctica 7. Visualizar los divisores de un número. 29

    Práctica 8. Ver divisores comunes de dos números. 29

    Práctica 9. Ver si un número es primo o no. 30

    Práctica 10. Convertir Grados Celsius a Ferenheit. 30

    Práctica 11. Obtener el mayor y menor de tres números 31

    Práctica 12. Hallar el mínimo común divisor de un número m.c.d.(a,b) 31

UNIDAD DE TRABAJO 3 33

   Práctica 1: Ventana con un mensaje Hola. 34

   Práctica 2: Abrir y cerrar ventanas, en diferentes script. 34

   Práctica 3: Comprobar el ámbito local de las variables en una función. 34

   Práctica 4: Leer un número desde teclado y ver el tipo de dato typeof(). 35

   Practica 5: Leer una cadena y concatenar después. 35

   Práctica 6: Leer() un número y realizar conversiones. 35

   Práctica 7: Funciones de operadores ~ 36

   Práctica 8: Conversiones de tipos parseInt(), parseFloat(), Number() 37

   Práctica 9: Sistema binario, desplazar bits. 38

   Práctica 10: Conversión al sistema de numeración Hexadecimal a Decimal. 38

   Práctica 11: Convertir a diferentes sistema de numeración. 38

   Práctica 12: Reasignación de valores y tipos a variables. 38

   Práctica 13: Comprobar el tipo de dato si es una cadena. 39

   Práctica 14: Formato fecha 41

   Práctica 15: Comparar fechas. 41

   Práctica 16: Leer diferentes partes de una fecha. Crear un calendario. 44

   ACTIVIDADES DE REPASO 50

UNIDAD DE TRABAJO 4 51

   Ejercicio 1: Multiplicación de dos matrices. 52

   Ejercicio 2. Algoritmo de la Burbuja. 54

   Ejercicio 3. Leer una cadena con el método prompt() 55

   Ejercicio 4. Comprobar si una cadena es un Palíndromo. 55

   Ejercicio 5: Analizar una frase y los diferentes tipos de caracteres que contiene. 56

   Ejercicio 6. Calcular la letra del NIF. 58

   Ejercicio 7. Crear una función que determine si el valor introducido es numérico o cadena. 58

   Ejercicio 8. Manejar un identificador con getElementById asociado a style.color 59

   Ejercicio 9: Pasar los campos nombre y apellidos a mayúsculas 60

   Ejercicio 10. Identificar si un número es par o impar. 61

   Ejercicio 11. Calcular el DC del CCC de una Cuenta Bancaria. 61

   Ejercicio 12: Calcular el IBAN, de las cuentas bancarias. 63

   Ejercicio 13: Función que intercambia dos valores en una función. 65

   Ejercicio 14. Comprobar si un Número es Positivo, Negativo o nulo. 65

   Ejercicio 15. Calcular el Factorial de un número 66

   Ejercicio 16. Identificar el mes y día. 66

   Ejercicio 17. Función que recibe una fecha y la valida. 66

   Ejercicio 18. Crear una función como Reloj Digital. 67

Ejercicio 19: Definir un prototipo para las direcciones TCP/IP. 68

Ejercicio 20: Definir prototipo comando MODE. 71

Ejercicio 21. Estructura try{} y cath{} 73

Ejercicio 22. Gestionar puntos de rotura, breakpoint. 74

Ejercicio 23. Ejecución del operador in. 76

Ejercicio 24. Crear un prototipo. 77

Ejercicio 25: Crear un prototipo a partir de los datos de un alumno. 77

Ejercicio 26: Dados 3 números enteros mostrar el mayor y el menor. 79

Ejercicio 27: Calcular el NIE. 80

Ejercicio 28: Hallar el mínimo común múltiplo de dos números m.c.m.(a,b) con arrays. 81

Ejercicio 29: Hallar el m.c.m.(a,b), a partir m.c.d.(a,b). 85

Ejercicio 30. Calcular aleatoriamente cinco número de la primitiva 86

Ejercicio 31. Calcular aleatoriamente los cinco número de la primitiva y de los números de la Euromillon. .. 86

ACTIVIDADES DE AMPLIACIÓN 88

UNIDAD DE TRABAJO 5 91

Ejercicio 1. Formulario JS para validar el contenido. 92

Ejercicio 2. Crear un formulario que solicita datos de alta. 93

Ejercicio 3. Realizar una petición mediante el método GET. 94

Ejercicio 4. Formulario de petición u suscripción a un canal de prensa. 94

Ejercicio 5. Formulario validación tarjeta gráfica. 95

Ejercicio 6. Elegir entre estas tarjetas de crédito para realizar pagos. 97

Ejercicio 7: Validación de los campos de un formulario. 100

Ejercicio 8: Diseño de formularios. 103

Ejercicio 9. ¿Cómo recuperar un dígito perdido de un número de tarjeta? 105

Ejercicio 10. Validar una expresión regular escrita en un formulario. 106

Ejercicio 11: Creación de una expresión regular (TEORIA). 107

Ejercicio 12: Validación de Formulario 109

Ejercicio 13: Lista de expresiones Regulares. 110

ACTIVIDADES DE AMPLIACIÓN 115

UNIDAD DE TRABAJO 6 117

Práctica 1: Gestión de eventos según la tecla pulsada 118

Práctica 2: Gestión de eventos pulsados onkeyup, onkeydown, onkeypress. 119

Práctica 3: Gestión de los eventos onchage y onblur. 120

Práctica 4: Gestión de los eventos onchage, onblur y onsubmit <testarea> 121

Práctica 5: Gestión de los eventos onchage, onblur y onsubmit. 122

TECNOLOGÍAS: 125

Bookmarklet 125

ANEXO I: ALGORITMOS DE ORDENACIÓN 127

  QUICKSORT 127

Anexo II: Códigos ISO 639-1 del idioma 128

ANEXO III: Descripción de los eventos 130

REFERENCIAS BiblioWeb 131

UNIDAD DE TRABAJO 1

Ejercicio 1. Estructura básica HTML4

Ejercicio 2. Estructura básica HTML5

Ejercicio 3. Manejar la etiqueta <script>

Ejercicio 4. Formulario completo de HTML5

```html
<html>
    <head>
    </head>
    <body>
        <nav id="principal">
        </nav>
        <nav id="menu">
        </nav>
        <div id="articulo">
            <article>
            </article>
        </div>
            <aside id="anuncios">
            </aside>
        <div id="comentarios">
            <nav id="comentariosnav">
            </nav>
            <nav id="comentariosnav">
            </nav>
        </div>
        <footer id="pie">
        </footer>
    </body>
</html>
```

Ejercicio 1. Estructura básica HTML

Estructura básica del diseño HTML anteriores a la versión HTML5.

```
<!DOCTYPE html>
<html lang="es">
<head>
    <meta charset="UTF-8">
    <title> Titulos Ejercicios - JS</title>
     <script>
    </script>
</head>
<body>
    <!-- <script>
    </script>-->
</body>
</html>
```

Ejercicio 2. Estructura básica HTML5

Estructuras de ejemplo comparativo entre diferentes versiones HTML4 vs HTML5, se pueden crear las siguientes estructuras utilizando identificadores **id** y **class,** combinando las clases con CCS3 para crear los estilos indicados. En HTML5 se utilizan las propias etiquetas que permiten crear las estructuras. Se adjuntan una comparativa y diferentes diseños de páginas web utilizando la combinación de las etiquetas.

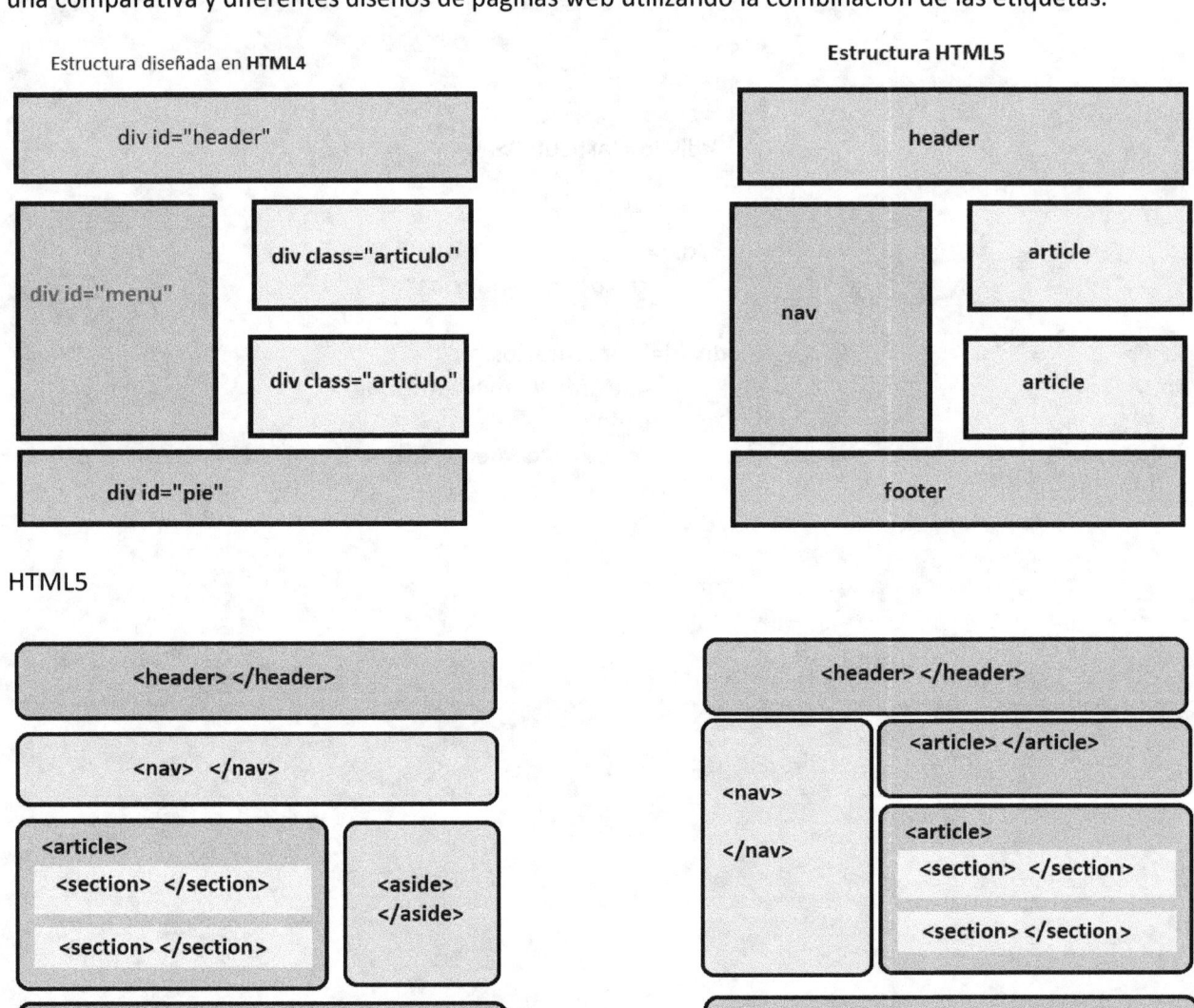

HTML5

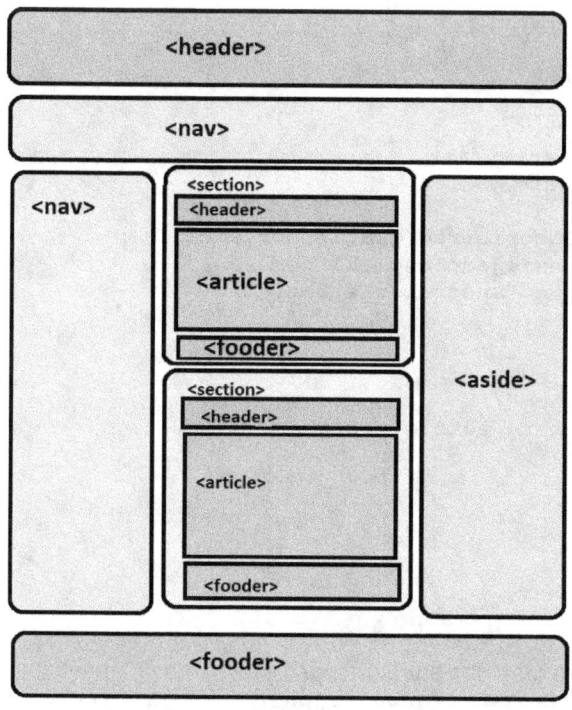

HTML5 destaca sobre todo la simplicidad y la permisividad.

- <!DOCTYPE html> Solo se acompaña del atributo html.
- <html lang=es> indicar el lenguaje de la página y se puede adjuntar con la etiqueta HTML5.
- <meta charset="UTF-8" /> Codificación de caracteres, para reconocer los acentos y caracteres especiales.
- <script src="unscript.js"></script> Se simplifica la llamada de los ficheros script externos.
- <link href="tuhojadeestilos.css" rel="stylesheet" /> con la simplificación llamada a ficheros estilos externos.
- En las etiquetas sólo usa minúsculas.
- Usa siempre comillas para los valores de los atributos.
- Cierra con / las etiquetas con una sola etiqueta de apertura.
- Cierra los elementos aunque su etiqueta sea facultativa.
- Utiliza el sangrado para que el código sea más legible.

Los elementos de la estructura en HTML5:

- <header> se utiliza para definir una zona de visualización para las cabeceras. Puedes definir cabeceras tanto a nivel de página como de una zona determinada (un artículo, un menú, etc...)
- <footer> para toda la página o utilizarlo en diferentes secciones de la web como por ejemplo un sidebar o un artículo. A nivel de página sería la típica zona en la parte baja de la web, donde se suelen incluir datos de contacto, enlaces, etc...
- <nav> sirve para definir una zona de navegación con vínculos. Lo que vendría a ser un menú de toda la vida.
- <section> es agrupar elementos relacionados entre sí. De este modo, podrás por ejemplo, agrupar dentro de un mismo elemento un contenido con su título y su pie de página.
- <article> sirve para definir un contenido autónomo e independiente, que pueda ser usado en otra parte de la web sin que por ello pierda su significado. Ej.: noticias, Blog o artículos.
- <aside> es mostrar un contenido relacionado al contenido al cual está vinculado. Puede tratarse de sidebars, zonas de widgets, complementos sobre un artículo, etc...
- <div> Se siguen utilizando las divisiones o cajas para poder utilizar las partes del documento, utilizando los estilos y los identificadores.

```
<html>
        <head>
                <title> Ejercicio 2 </title>
                <meta http-equiv="Content-Type" content="text/html; charset=UTF-8"/>
                <meta name="author" content="Pedro Hernández Martín"/>
                <link rel="stylesheet" type="text/css" href="css/estilos.css">
        </head>
```

```html
<body>
    <nav id="principal">
        <a class="foro" href="#">Foro</a>
        <a class="foro" href="#">Acerca de</a>
        <a class="foro" href="#">Contacto</a>
        <a class="foro" href="#">Anunciarse</a>
        <a class="foro" href="#">Archivos</a>
        <form id="email">
            <span id="suscripción">Suscribirse gratis por email</span>
            <input type="email" value="ejemplo@gmail.com"/>
            <input type="submit" value="Suscribirse ahora"/>
        </form>
    </nav>
    <div id="amazon">
    <img id="prime" src="imagenes/amazon.jpg"/>
    <p>/* El mejor recurso para enriquecer tu estilo */</p>
    </div>
    <nav id="menu">
        <a   href="#">Información ↓</a>
        <a   href="#">CSS Básico ↓</a>
        <a   href="#">CSS Medio</a>
        <a   href="#">CSS Avanzado</a>
        <a   href="#">Recursos CSS y diseño ↓</a>
        <div id="botones">
            <a class="informacion" href="#">Buscar ↓</a>
            <img class="redes" src="imagenes/google.jpg"/>
            <img class="redes" src="imagenes/twitter.jpg"/>
            <img class="redes" src="imagenes/facebook.jpg"/>
            <img class="redes" src="imagenes/rss.jpg"/>
        </div>
    </nav>
    <div id="contenido">
        <div id="articulo">
            <article>
                <span>Portada → Recursos CSS → Ejemplos</span>
                <h1>Editor Sublime Text</h1>
                <p id="fecha">2 de octubre de 2018, Pedro Hernández Martín  </p>
                <img id="sublime" src="imagenes/sublime.jpg"/>
                <p>Sublime Text es un editor de texto y editor de código fuente
                está escrito en C++ y Python para los plugins.
                Desarrollado originalmente como una extensión de Vim, con el
                tiempo fue creando una identidad propia Se puede descargar y
                evaluar de forma gratuita.
                Sin embargo no es software libre o de código abierto y se debe
                obtener una  licencia para su uso continuado, aunque la versión de
                evaluación es plenamente  funcional  y no tiene fecha de
                caducidad.
                Actualmente se encuentra en la versión número 3.</p>
            </article>
        </div>
        <aside id="anuncios">
            <img id="hosting" src="imagenes/hosting.jpg"/><br><br>
            <button id="bGratis">Suscripción gratis</button>
            <button id="bEmail">Suscripción email</button><br>
            <button id="bRSS">Suscripción RSS</button><br>
            <button id="bTwitter">Suscripción Twitter</button><br>
            <button id="bFacebook">Suscripción Facebook</button>
        </aside>
    </div>
    <div id="comentarios">
        <nav id="comentariosnav">
            <a href="#">1 comentario</a>
            <a href="#">CSSBlog ES</a>
            <a href="#">Login↓</a>
        </nav>
        <nav id="comentariosnav">
            <a href="#">--Recomendar</a>
            <a href="#">Compartir</a>
            <a href="#">Ordenar por los mejores ↓</a>
        </nav>
        <form>
            <img id="avatar" src="imagenes/avatar.jpg"/>
            <input id="discusion" type="text" value="Unete a la
            discusion..."/><hr>
```

```
            </form>
            <img id="avatar" src="imagenes/avatar.jpg"/>
            <span>Rafa . hace 4 años</span>
            <p>La etiqueta fue creada para ayudarnos a ser aún más específicos a la
            hora de declarar el contenido del documento.</p><hr>
            <img id="avatar" src="imagenes/avatar.jpg"/>
            <span>Lucia . hace 203 años</span>
            <p>La etiqueta fue creada para ayudarnos a ser aún más específicos a la
            hora de declarar el contenido del documento.</p><hr>
            <img id="avatar" src="imagenes/avatar.jpg"/>
            <span>Juan . hace 0 años</span>
            <p>La etiqueta fue creada para ayudarnos a ser aún más específicos a la
            hora de declarar el contenido del documento.</p>
        </div>
        <footer id="pie">
            <button class="botonesPie">Suscribirse gratis por email</button>
            <button class="botonesPie">Suscribirse gratis por RSS</button>
            <button class="botonesPie">Suscribirse gratis por Twitter</button>
            <button class="botonesPie">Suscribirse gratis por Facebook</button>
        </footer>
    </body>
</html>
```

Ejercicio 3. Manejar la etiqueta <script>

Tipos de etiquetas utilizadas para JavaScript:

```
<script>  </script>
<noscript> </noscript>
```

Se utilizaba antiguamente en HTML4 <!-- <script>   </script> --> El objetivo era que la etiqueta <script> no era reconocida por todos los navegadores, y aquellos que no reconocían la etiqueta <!-- permitía ignorar su contenido, ya que se reconocía como líneas de comentario. En cambio, los navegadores que lo reconocen, la etiqueta <!-- > <! --> es ignorada. Ejemplo utilizado con navegadores anteriores a IE9.

```
<!--[if lt IE 9]>
   <script>
   </script>
   <noscript>
      <strong> ¡Advertencia!</strong>
            Debido a que su navegador no es compatible con HTML5, algunos
            elementos se simulan utilizando JScript.
            Lamentablemente, su navegador ha deshabilitado las secuencias de
            comandos. Habilítelo para mostrar esta página.
   </noscript>
<![endif]-->
```

PASO 1: Atributos que utiliza la etiqueta <script>

Tabla 1 Tabla extraída de https://developer.mozilla.org/es/docs/Web/HTML/Elemento/script

ATRIBUTO	DESCRIPCIÓN
async (HTML5)	Establece este atributo booleano para indicar al navegador, si es posible, ejecutar el código asincrónicamente. Esto no afecta a los scripts escritos dentro de la etiqueta (es decir a aquellos que no tienen el atributo src).
integrity	Contiene información de metadatos que es usada por el user agent del navegador para verificar el recurso captado fue entregado libre de manipulación inesperada.
src	Este atributo especifica la URI del script externo; este puede ser usado como alternativo a scripts embebidos directamente en el documento. Si el script tiene el atributo src, no debería tener código dentro de la etiqueta.

type	Este atributo identifica el lenguaje de scripting en que está escrito el código embebido dentro de la etiqueta script, o referenciada utilizando el atributo src. Los valores posibles están especificados como un MIME type (tipo MIME).
	Algunos ejemplos de tipos MIME que pueden ser utilizados son:
	`text/javascript`
	`text/ecmascript`
	`application/javascript`
	`application/ecmascript`
	Si el atributo se encuentra ausente, el valor por defecto será un script JavaScript.

	Si el tipo MIME especificado no es un tipo JavaScript, el contenido embebido dentro de la etiqueta script es tratado como un bloque de datos que no será procesado por el navegador. Si el tipo especificado es module, el código es tratado como un módulo JavaScript. Nota: en Firefox puedes usar características avanzadas tales como let statements y otras características de la última versión de JS, usando type=application/javascript; version=1.8 . Ten cuidado!, esto no es una característica estándar, es decir, probablemente genere conflictos con otros navegadores, en particular aquellos basados en Chromium.
text	Este atributo actúa como el atributo *textContent*, establece el texto contenido del elemento. Pero a diferencia de *textContent*, este atributo se evalúa como ejecutable luego de ser insertado como nodo en el DOM.
language	Este atributo actúa como el atributo *type*, identifica el tipo de lenguaje que se utiliza. A diferencia del atributo *type*, los posibles valores de este atributo nunca fueron estandarizados. El atributo type debe ser utilizado en lugar de language.
defer	Este atributo establece si el script debe ser ejecutado luego de que el documento entero sea analizado. Dado que esta función aún no fue implementada por todos los navegadores relevantes, los autores no deberían asumir que el script realmente será ejecutado luego de la carga y análisis del documento. Desde Gecko 1.9.2 el atributo defer es ignorado en los scripts que no tienen el atributo src. Sin embargo, en Gecko 1.9.1 incluso se difieren los scripts escritos dentro de la etiqueta.
crossorigin	Elementos normales script pasan información mínima al *window.onerror* para scripts que no pasan las revisiones del estándar CORS. Para permitir registrar errores en los sitios que usan dominios separados para recursos estáticos, usar este atributo.

PASO 2: Dónde puede escribirse el código JavaScipt.

a) Dentro de las propias etiquetas HTML , en los atributos.
```
<button onclick="getElementById('prueba').innerHTML = Date()">La fecha
Actual</button>
```

b) Dentro de la etiqueta <script>
```
<script>
        document.write("Escribiendo desde JavaScript");
        console.log("Estoy en la consola del navegador");
</script>
```

c) Fichero externo .js que es llamado desde la etiqueta <script> desde el atributo src="nombre_fichero.js"
```
<!-- HTML4 y (x)HTML -->
<script  " src="javascript.js"></script>

<!-- HTML5 -->
<script src="javascript.js"></script>
```

Ejercicio 4. Formulario completo de HTML5.

```
<!DOCTYPE html>
<html>
<head>
     <meta charset="utf-8" />
     <title>Ejemplo nuevos controles</title>
</head>
<body>
     <form action="." oninput="range_control_value.value =
     range_control.valueAsNumber">
          <p> Nombre: <input type="text" name="name_control" autofocus required
          />
          <br />
          Correo Electrónico: <input type="email" name="email_control" required
          />
          <br />
          URL: <input type="url" name="url_control" placeholder="Escribe la URL
          de tu página web personal" />
          <br />
```

```
            Fecha: <input type="date" name="date_control" />
            <br />
            Tiempo: <input type="time" name="time_control" />
            <br />
            Fecha y hora de nacimiento: <input type="datetime"
            name="datetime_control" />
            <br />
            Mes: <input type="month" name="month_control" />
            <br />
            Semana: <input type="week" name="week_control" />
            <br />
            Número (min -10, max 10): <input type="number" name="number_control"
            min="-10" max="10" value="0" />
            <br />
            Intervalo (min 0, max 10): <input type="range" name="range_control"
            min="0" max="10" value="0" /> <output for="range_control"
            name="range_control_value" >0</output>
            <br />
            Teléfono: <input type="tel" name="tel_control" />
            <br />
            Término de búsqueda: <input type="search" name="search_control" />
            <br />
            Color Favorito: <input type="color" name="color_control" />
            <br />
            <input type="submit" value="Submit!" />
            </p>
      </form>
</body>
</html>
```

RESULTADO:

Nombre: [_____]
Correo Electrónico: [_____]
URL: [Escribe la URL de tu página]
Fecha: [dd/mm/aaaa]
Tiempo: [-- : --]
Fecha y hora de nacimiento: [_____]
Mes: [---------- de ----]
Semana: [Semana --, ----]
Número (min -10, max 10): [0]
Intervalo (min 0, max 10): [||----------------------] 0
Teléfono: [_____]
Término de búsqueda: [_____]
Color Favorito: [■]
[Submit!]

UNIDAD DE TRABAJO 2

Introducción:

Ejercicio 1: Ver la asignación con HOISTING

Ejercicio 2: Conversiones de tipos.

Ejercicio 3: Ver conversiones de tipo en el Objeto document.

Ejercicio 4: Realizar conversiones con parseInt().

Ejercicio 5: Definir una variable global reasignar un nuevo tipo primitivo u objeto.

Ejercicio 6: Definir variables en bloques y en funciones comprobando su alcance

Ejercicio 7: Condiciones múltiples

Ejercicio 8: Asignar y recorrer un Array() Asociativo.

Ejercicio 9: Visualizar diferentes tipos de datos.

Ejemplo 10: Definir y visualizar el contenido de un array Asociativo.

Ejemplo 11: Acceso a Arrays Asociativos, creando palabras aleatorias.

Ejemplo 12: Definición de un array, asignar datos, objetos.

Ejemplo 13: Definir un objeto Date().

Ejemplo 14: Definir un Array y un objeto Date().

Ejemplo 15: Crear una ventana a partir de otra.

Ejemplo 16: Crear un Array diferentes tipos de datos y objetos

Práctica 1. Programa que suma dos números.

Práctica 2. Bucle que repite una cadena n veces.

Práctica 3. Lee PROMPT y visualiza en el documento.

Práctica 4. Un número es divisible por 2

Práctica 5. Contar las vocales de una Frase.

Práctica 6. Número es divisible por 2,3,5,7.

Práctica 7. Visualizar los divisores de un número.

Práctica 8. Ver divisores comunes de dos números.

Práctica 9. Ver si un número es primo o no.

Práctica 10. Convertir Grados Celsius a Ferenheit.

Práctica 11. Obtener el mayor y menor de tres números.

Práctica 12. Hallar el mínimo común divisor de un número m.c.d.(a,b)

Introducción:

Los tipos de datos primitivos son seis más los objetos:

- **Tipo Boolean:** Boolean representa una entidad lógica, dos valores: `true`, y `false`.
- **Tipo Null**: tiene exactamente un valor: `null`.
- **Tipo Undefined**: Una variable a la cual no se le haya asignado valor tiene entonces el valor `undefined`.
- **Tipo Number**: De acuerdo al standard ECMAScript, sólo existe un tipo numérico: el valor de doble precisión de 64-bits IEEE 754 (un número entre -(253 -1) y 253 -1). No existe un tipo específico para los números enteros. Adicionalmente a ser capaz de representar números de coma flotante, el tipo número tiene tres valores simbólicos: `+Infinity`, `-Infinity`, and `NaN` (Not A Number o No Es Un Número). Para chequear valores mayores o menores que `+/-Infinity`, puedes usar las constantes `Number.MAX_VALUE` o `Number.MIN_VALUE`.
- **Tipo `String`:** de Javascript es usado para representar datos textuales o cadenas de caracteres. Es un conjunto de "elementos", de valores enteros sin signo de 16 bits. Cada elemento ocupa una posición en el String. El primer elemento está en el índice 0, el próximo está en el índice 1, y así sucesivamente. La longitud de un String es el número de elementos en ella.
- **Tipo Symbol:** introducido en la versión ECMAScript Edition 6. Un Symbol es un valor primitivo único e inmutable y puede ser usado como la clave de una propiedad de un Object. Se pueden comparar con enumeraciones de nombres (enum) en C. n JavaScript.
- **OBJETOS.**

En la ciencia de la computación un objeto es un valor en memoria al cual es posible referirse mediante un identificador.

- Objetos "Normales" y funciones.
- Fechas.
- Colecciones Indexadas: Arrays y Arrays Tipados.
- Keyed collections: Maps, Sets, WeakMaps, WeakSets.

Ejercicio 1: Ver la asignación con HOISTING.

Primero se usa la variable y después se define el tipo de variable ("asignando un espacio en memoria"). Sino se define da error. Hoisting es primero se usa y después se define.

```
<script>
        console.log(a===undefined);
        var a;
</script>
```

> RESULTADO
>
> true

Ejercicio 2: Conversiones de tipos.

Asignar el valores a variables, numéricas, cadena, float y script float. Se realiza la suma y la concatenación de diferentes variables, se realiza conversiones de Enteros ***parseInt()***.

```
a=4;
b="bueno dias";
c=3.14;
d="2.8182";
console.clear();
console.log(a+b);
console.log(a+b+c);
console.log(a+c);
console.log(parseInt(a+b));
console.log(a+parseInt(b));
console.log(parseInt(c));
console.log(parseInt(a+c));
console.log(parseInt(a+c+d));
console.log(parseInt(a+c+parseInt(d)));
```

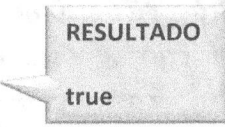

> Borrar el contenido de la consola.
> `console.clear();`
> NOTA: No funciona con todos los navegadores

> RESULTADO
> "4bueno dias"
> "4bueno dias3.14"
> 7.140000000000001
> 4
> NaN
> 3
> 7
> 7
> 9

Ejercicio 3: Ver conversiones de tipo en el Objeto document.

Se realiza el ejemplo002 y la visualización se realiza en el objeto document, el resultado varía respecto a la visualización en la consola. Se realiza la concatenación de "<HTML>" de etiquetas de HTML.

```
a=4;
```

```
b="bueno dias";
c=3.14;
d="2.8182";
document.write(a+b+"<br>");
document.write(a+b+c);
document.write(a+c);
document.write(parseInt(a+b));
document.write(a+parseInt(b));
document.write(parseInt(c));
document.write(parseInt(a+c));
document.write(parseInt(a+c+d));
document.write(parseInt(a+c+parseInt(d)));
```

> **RESULTADO**
> 4bueno dias
> 4bueno dias3.147.1400000000000014NaN3779

Ejercicio 4: Realizar conversiones con parseInt()

Se realiza una modificación respecto al ejemplo anterior, con la concatenación <H1> y <BR>. Y la concatenación de diferentes variables de cadena con las variables parseInt(d).

```
a=4;
b="buenos dias";
c=3.14;
d="2.8182";
document.write("<h1>"+a+b+"</h1> <br>");
document.write(a+b+c);
document.write(a+c);
document.write(parseInt(a+b));
document.write(a+parseInt(b));
document.write(parseInt(c));
document.write(parseInt(a+c));
document.write(parseInt(a+c+d));
document.write(parseInt(a+c+parseInt(d)));
```

> **RESULTADO**
> **4buenos dias**
>
> 4bueno dias3.147.1400000000000014NaN3779

Ejercicio 5: Definir una variable global reasignar un nuevo tipo primitivo u objeto.

Se define una variable como global y numérica **a,** a esta variable se le cambia el tipo de datos, cambiando a un objeto tipo date, después se reasigna a una un tipo de datos Objeto Array, se vuelve asignar la variable como tipo String, se vuelve a reasignar de nuevo a la variable **a** como Array y se asigna los valores iniciales dentro del 0array. Después se vuelve a realizar una asignación, ciertos elementos del array no se encuentran asignados, se observa como hay un array dentro de otro array. Estas asignaciones es típico por ser.

```
var a=12;
console.log(a);
a=new Date();
console.log(a);
a=new Array();
console.log(a);
a="vuelvo a ser cadena";
console.log(a);
a=[1,2,,4];
console.log(a);
a=[,,"hola",5,,[2,3,4],,,,23];
console.log(a);
a=[,,"hola",5,,{"id":5,"nombre":"Juan"},,,,23];
console.log(a);
```

> **RESULTADO**
> 12
> [object Date] { ... }
> []
> "vuelvo a ser cadena"
> [1, 2, **undefined**, 4]
> [**undefined**, **undefined**, "hola", 5, **undefined**, [2, 3, 4], **undefined**,
> **undefined**, **undefined**, 23]
> [**undefined**, **undefined**, "hola", 5, **undefined**, [object Object] {
>   **id**: 5,
>   **nombre**: "Juan"
> }, **undefined**, **undefined**, **undefined**, 23]

Ejercicio 6: Definir variables en bloques y en funciones comprobando su alcance.

Se realizan diferentes ejemplos del alcance de las variables globales, locales y de bloque.

Ejemplo: variable local de bloque
```
{
        let x=99
}
console.log(x);
```

> **RESULTADO**
> Reference Error: x is not defined

Ejemplo: variable global definida en un bloque
```
{
        var  x=965
```

> **RESULTADO**
> 965

```
        }
        console.log(x);     // esta variable está definida como global
```

Ejemplo: variable global a una función anónima,
fuera de la función no tiene alcance la var x.

```
        (function () {
            var x = 999;
        }) ();
        console.log(x);   // La variable x no se encuentra definida
```

Ejemplo: Función muestraMensaje(), se definen variables y alcance de las variables, desde el cuerpo
del programa a la función.

```
        function muestraMensaje() {
            mensaje = "Mensaje de prueba"; //define de nuevo el valor de la variable mensaje
            alert(mio);     // Visualiza el valor de la variable global mio
            if (mio != undefined){    // Si la variable está definida entonces visualiza mio
                alert (mio);
            } else {          // si la variable mio no está definida visualiza "no existe mio"
                alert("no existe mio");
            }
        }

        var num = 5;              // definición num=5 como variable NUMERIC global
        var mensaje = "hola";     // definición de la variable mensaje como un  STRING
        let mio="333";            // definición local de la variable mio
        alert(mio);               // visualiza el contenido de la variable mio
        muestraMensaje();         //  Llamada a la función muestraMensaje()
        alert(mensaje);           //  Visualiza el contenido del mensaje
        if ( num == 5 ){          // Si la variable num es igual 5
            let num=67;           // se asigna  una nueva variable num con el valor 67,
            let mensaje="prueba"+num;
            /* la variable mensaje local al bloque y realiza la
            concatenación de "prueba" con la variable num, resultado es una cadena */
            alert(mensaje); //visualiza el contenido de la variable mensaje a nivel local
        }
        alert(mensaje+num); /* visualiza el resultado de la concatenación de mensaje más la
                                concatenación con la variable num   global */
```

RESULTADO

Esta página dice

333

Aceptar

Esta página dice

333

Aceptar

Esta página dice

333

Aceptar

Esta página dice

Mensaje de prueba

Aceptar

Esta página dice

Mensaje de prueba5

Aceptar

Esta página dice

prueba67

Aceptar

Ejercicio 7: Condiciones múltiples

Condición múltiple, en función del valor de una variable, utilizando la sentencia switch.

```
        var edad=10;
        switch (edad){
            case 10: case 15: case 20:{
                console.log("10 a 20");
                break;
            }
            case 25: {
                console.log("25");
                break;
```

```
        }
        default: {
            console.log(" mayor ");
            break;
        }
    }
```

Ejercicio 8: Asignar y recorrer un Array() Asociativo.

Se define una array, se asignan valores a los índices del array de forma aleatoria. Se realiza el recorrido del array primero por índice, utilizando un bucle for que recorre todos los elementos del array (dato in a), el array a se va recorriendo desde el primer elemento hasta el último, asignado cada valor del índice a la variable dato, que se encuentra definida en el **for (dato in a)**. El bucle **for (dato of a)**, recorre el array a leyendo los elementos de array a se asignan uno a uno a la variable dato.

```
var a=new Array();
a[11]="A";
a[1]="B";
a[2]="C";
a[3]="D";
a[5]="E";
a[100]="F";
for ( dato in a ){
    console.log(dato);
}
for ( dato of a ){
  if (dato != undefined){
      console.log(dato);
  }
}
```

RESULTADO
"1"
"2"
"3"
"5"
"11"
"100"
"B"
"C"
"D"
"E"
"A"
"F"

Ejercicio 9: Visualizar diferentes tipos de datos.

Se defines varias variables, variables en orden del alfabeto, se asigna diferentes tipos de datos, se visualizan el tipo de datos que tiene asignada cada variable.

```
var a=new Array();
var b="dato", c=true, d=new Date(),e=5,f=23.3434;
console.log(typeof a);
console.log(typeof b);
console.log(typeof c);
console.log(typeof d);
console.log(typeof e);
console.log(typeof f);
(typeof a == "object") ? console.log("es un objeto"):console.log("es exactamente un
objeto");
(typeof a === "object") ? console.log("es exactamente un objeto"):console.log("no es
exactamente un objeto");
(typeof a == typeof d) ? console.log("es exactamente un objeto"):console.log("no es
exactamente un objeto");
(typeof e === typeof f) ? console.log("es exactamente un objeto"):console.log("no es
exactamente un objeto");
```

RESULTADO:

"object"
"string"
"boolean"
"object"
"number"
"number"
"es un objeto"
"es exactamente un objeto"
"es exactamente un objeto"
"es exactamente un objeto"

Ejercicio 10: Definir y visualizar el contenido de un array Asociativo.

Se define un array, se asigna índice asociativo (Array Asociativo), con palabras y cada palabra se le asigna un valor numérico. Se recorre el array asociativo mediante un *for* que asigna cada elemento a cadena, la variable *dato*, se visualiza el dato pasado y la cadena que ocupa el índice asociativo con el valor numérico.

```
var cadena=new Array();
cadena.hola=1;
cadena.que=2;
cadena.tal=3;
cadena['estas']=4;
// visualizar los valores
for (var dato   in   cadena){
   console.log(dato);
   console.log(cadena[dato]);
};
console.log(cadena.length);
for (i=0;i<cadena.length;i++){
   console.log(cadena[i]);
}
```

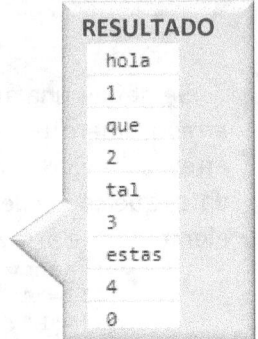

RESULTADO
hola
1
que
2
tal
3
estas
4
0

Ejercicio 11: Acceso a Arrays Asociativos, creando palabras aleatorias.

Se define el array cadena, cuyo acceso u índice es por mediación de palabras o array asociativo, se define de dos formas ej.: *cadena.hola, cadena['estas']*. Se crea un bucle for en el cuerpo para poder visualizar los primeros 10 elementos del array, que va a visualizar un numero de forma aleatoria entre 1 y 4, por cada valor se invoca a la función *verValor(num),* se recorre el array de ámbito global, y se visualizar el valor que tiene cada posición en el array el valor aleatorio, y se extrae el índice asociativo como valor de combinación de palabras que son las asignadas al índice asociativo del Array().

```
var cadena=new Array();
cadena.hola=1;
cadena.que=2;
cadena.tal=3;
cadena['estas']=4;
// visualizar los valores
function verValor(num){
  for (var dato   in   cadena){
      if (num == cadena[dato]){
            console.log(dato);
            document.write(dato+" ");
      }
  };
}

for (i=1;i<11;i++){
   numero= Math.trunc((Math.random()*4)+1);
   // console.log(numero);
   verValor(numero);
}
```

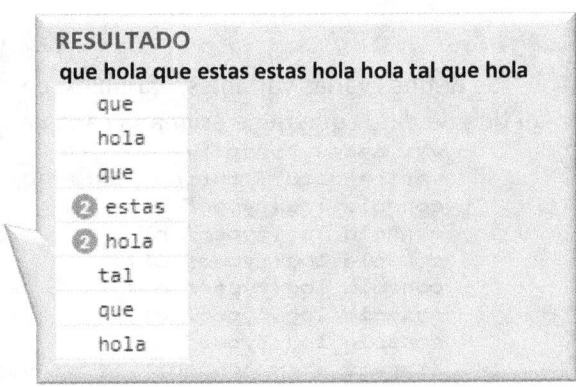

RESULTADO
que hola que estas estas hola hola tal que hola
que
hola
que
❷ estas
❷ hola
tal
que
hola

Ejercicio 12: Definición de un array, asignar datos, objetos.

Se define una variable tipo Array(), se visualiza su contenido, es vacío no se ha asignado nada [].

Se asigna al Array **a** valores de tipos de datos diferentes (string, number, bolean,...) en posiciones alternativas, se asignan objetos tipo prototype, en posiciones aleatorias del array. Se comprueba que las posiciones del array vacías, al visualizarse en la consola undefined.

a)   Visualización en la consola.
```
var a= new Array();
console.log(a);
a=[,,"hola",5,,[2,3,4],,,,23];
console.log(a);
a=[,,"hola",5,,{"id":5,"nombre":"Juan"},,,,23];
console.log(a);
a=[,,"hola",5,,{"id":5,"nombre":"Juan","masDatos":{"deportes":"ninguno","coche":"AUDI
","Ingles":"alto"},"edad":25},,,,23];
console.log(a);
```

[]
[undefined, undefined, "hola", 5, undefined, [2, 3, 4], undefined, undefined, undefined, 23]
[undefined, undefined, "hola", 5, undefined, [object Object] {
  id: 5,
  nombre: "Juan"
}, undefined, undefined, undefined, 23]
[undefined, undefined, "hola", 5, undefined, [object Object] {
  edad: 25,
  id: 5,
  masDatos: [object Object] {
    coche: "AUDI",
    deportes: "ninguno",
    Ingles: "alto"
  },
  nombre: "Juan"
}, undefined, undefined, undefined, 23]

b) Visualizar en la consola y en el objeto *document.*

```
var a= new Array();
console.log(a);
a=[,,"hola",5,,[2,3,4],,,,23];
console.log(a);
a=[,,"hola",5,,{"id":5,"nombre":"Juan"},,,,23];
console.log(a);
a=[,,"hola",5,,{"id":5,"nombre":"Juan","masDatos":{"deportes":"ninguno","coche":"AUDI
","Ingles":"alto"},"edad":25},,,,23];
document.write(a);
```

[]
[undefined, undefined, "hola", 5, undefined, [2, 3, 4], undefined, undefined, undefined, 23]
[undefined, undefined, "hola", 5, undefined, [object Object] {
  id: 5,
  nombre: "Juan"
}, undefined, undefined, undefined, 23]

Ejercicio 13: Definir un objeto Date()

Se define una variable como un objeto tipo fecha *(Date()).* El objeto Date solo se visualiza como object Date en la consola, y el método *a.getDay()* visualiza el día de la semana.

```
var a= new Date();
console.log(a);
console.log(a.getDay());
```

RESULTADO
[object Date] { ... }
5

Ejercicio 14: Definir un Array y un objeto Date()

El ejemplo 13, se cambia la visualización al objeto document y se cambia la información que se visualiza. Se observa las dos formas diferentes de visualizar los resultados en consola y en el document.write().

```
var a= new Array();
a[3]="hola";
a[1]=3;
a[25]=new Date();
console.log(a);
console.log(a[25].getDay());
document.write(a);
document.write(a[25].getDay());
```

[undefined, 3, undefined, "hola", undefined, [object Date] { ... }]

Ejercicio 15: Crear una ventana a partir de otra.

Se crear una ventana principal, a partir de ella se crear un enlace sobre el propio documento, en una función, que se invoca sobre el evento onclick, en el botón <INPUT>. La función inyecta código HTML sobre la apertura de una nueva ventana.

```html
<html>
   <head>
   <title>Ejemplo de creación de ventana</title>
      <script language="JavaScript">
        function AbrirVentana() {
            ventana=open("","nueva","toolbar=no,directories=no,menubar=no,width=480,height=
            580");
            ventana.document.write("<HEAD><TITLE>Nueva Ventana </TITLE></HEAD><BODY>");
            ventana.document.write("<FONT SIZE=4 COLOR=red>Nueva Ventana</FONT><BR>
            <BR><BR>");
            ventana.document.write("<FORM><INPUT TYPE='button' VALUE='Cerrar'
            onClick='self.close()'></FORM>");
        }
      </script>
   </head>
   <body>
      <form>
      <input type="button" value="Abrir una ventana" onClick="AbrirVentana();">
      <br />
      </form>
   </body>
</html>
```

RESULTADO

En la primera ventana nos apare el siguiente botón Abrir una ventana

Nos aparece la siguiente ventana con un ancho x alto de 480x580 , no aparecen menús, ni las herramientas. Al cerrar en la nueva ventana volvemos a la ventana padre que la invocó.

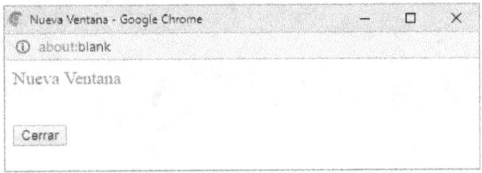

Ejemplo 16: Crear un Array diferentes tipos de datos y objetos.

Se define un Array(), que va a contener diferentes tipos de datos: Elementos vacíos, Números, cadenas, Array de array, Asignar índices asociativas al array de array.

Se realizan dos opciones de visualización: en consola y en el documento.

Opción a: Visualizar el resultado en consola.

```javascript
var a= new Array();
console.log(a);
a=[,,"hola",5,,[2,3,4],,,,23];
console.log(a);
a=[,,"hola",5,,{"id":5,"nombre":"Juan"},,,,23];
console.log(a);
a=[,,"hola",5,,{"id":5,"nombre":"Juan","masDatos":{"deportes":"ninguno","coche":"AUDI
","Ingles":"alto"},"edad":25},,,,23];
console.log(a);
```

Opción b: Visualizar el resultado en el documento.

```javascript
var a= new Array();
document.write(a);
a=[,,"hola",5,,[2,3,4],,,,23];
document.write(a);
a=[,,"hola",5,,{"id":5,"nombre":"Juan"},,,,23];
document.write(a);
a=[,,"hola",5,,{"id":5,"nombre":"Juan","masDatos":{"deportes":"ninguno","coche":"AUDI
","Ingles":"alto"},"edad":25},,,,23];
document.write(a);
```

Práctica 1. Programa que suma dos números.

Escribe un programa que sume 2 números, leídos por teclado. Si se lee con prompt() el tipo de dato devuelto es una cadena y debe ser números, se debe realizar una conversión con parseInt(), parseFlotat().

```html
<!DOCTYPE html>
<html lang="en">
<head>
    <meta charset="UTF-8">
    <title>Practice 1</title>
     <script>
            var n1 = parseInt(prompt("Introduce un número: "));
            var n2 = parseInt(prompt("Introduce otro número: "));
            var result = n1 + n2;
            document.write("La suma de "+n1+" + "+n2+" = "+result);
     </script>
</head>
<body>
    <!-- <script>
    </script>-->
</body>
</html>
```

> NOTA: Se pueden abrir más de una etiqueta en el fichero HTML, en las diferentes secciones.

> NOTA: La etiqueta <script> se puede utilizar tanto en <head>, <body> o cualquier otra etiqueta de HTML5.

Práctica 2. Bucle que repite una cadena n veces.

Escribe un programa que diga "Hola mundo", 5 veces, con un bucle y un contador.

La función **holaMundo()**, en la carga secuencia pasa a memoria RAM, pero solo se ejecuta cuando es llamada con el nombre de la función en la parte inferior.

```html
<!DOCTYPE html>
<html lang="en">
<head>
    <meta charset="UTF-8">
    <title>Practice 2</title>
     <script>
            function holaMundo(){       // Definición de función
                for (i = 1; i <= 5 ;i++) {    // Definición de bucle for
                        document.write("Hola mundo <br />");
                }
            }
            holaMundo();  // Llamada a la función holaMundo()
     </script>
</head>
<body>
</body>
</html>
```

Práctica 3. Lee con PROMPT y lo visualiza en el documento.

Está página solicita el nombre del usuario y posteriormente lo salude, si la cadena está vacía, nos devuelve un error "Nombre no valido o está vacío", en caso de introducir el nombre de una persona se visualiza un mensaje de bienvenida.

```html
<!DOCTYPE html>
<html lang="en">
<head>
    <meta charset="UTF-8">
    <title>Practice 3</title>
     <script>
            var nombre = prompt("Introduce tu nombre");
            if (nombre != "") {
                    document.write("Buenos dias "+nombre);
            }else {
                    document.write("Nombre no valido o está vacío");
```

```
                }
        </script>
    </head>
    <body>
    </body>
    </html>
```

Práctica 4. Un número es divisible por 2.

Escribe un programa realiza una petición de un número y nos informa si es el número es divisible por 2.

```
<!DOCTYPE html>
<html lang="en">
<head>
    <meta charset="UTF-8">
    <title>Practice 4</title>
     <script>
       var n1 = prompt("Introduce un numero");
       if(n1 != "") {
                if (n1 % 2 == 0 ) {
                        document.write(n1+ " es divisible por 2");
                }else {
                        document.write("Numero no divisible por 2");
                }
        }else{
                document.write("Numero no valido o está vacío");
        }
     </script>
    </head>
    <body>
    </body>
    </html>
```

Práctica 5. Contar las vocales de una Frase.

Se escribe dentro de la etiqueta <script> se pida una frase y escriba las vocales que aparecen en la frase.

```
<!DOCTYPE html>
<html lang="en">
<head>
    <meta charset="UTF-8">
    <title>Practice 5</title>
     <script>
                function extraerVocales(str){
                    for (i = 0; i < str.length; i++){
                        if ((str.charAt(i) == "a") || (str.charAt(i) == "A") ||
                            (str.charAt(i) == "e") || (str.charAt(i) == "E") ||
                            (str.charAt(i) == "i") || (str.charAt(i) == "I") ||
                            (str.charAt(i) == "o") || (str.charAt(i) == "O") ||
                            (str.charAt(i) == "u") || (str.charAt(i) == "U")) {
                            document.write(str.charAt(i));
                        }
                    }
                }
                var frase = prompt("Introduce una frase: ");
                extraerVocales(frase);
     </script>
    </head>
    <body>
    </body>
    </html>
```

> charAt() de String devuelve en un nuevo String el carácter UTF-16 de una cadena. Si se utiliza la cadena con un índice se recorre como un array extrayendo carácter a carácter.

Práctica 6. Número es divisible por 2,3,5,7.

Se realiza dentro de la etiqueta <script> el código que pida un número desde teclado con un ***prompt*** y nos diga si es divisible por 2, 3, 5 ó 7 (sólo hay que comprobar si lo es por uno de los cuatro divisores).

```html
<!DOCTYPE html>
<html lang="en">
<head>
    <meta charset="UTF-8">
    <title>Practice 6</title>
    <script>
            var n1 = parseInt(prompt ("Introduce un numero: "));
            if (n1 != "") {
                    if ( n1 % 2 == 0) {
                            document.write(n1+" es divisible por 2 <br />");
                    }
                    if ( n1 % 3 == 0) {
                            document.write(n1+" es divisible por 3 <br />");
                    }
                    if ( n1 % 5 == 0) {
                            document.write(n1+" es divisible por 5 <br />");
                    }
                    if ( n1 % 7 == 0) {
                            document.write(n1+" es divisible por 7 <br />");
                    }
            } else {
                    document.write("Numero no valido o está vacío");
            }
    </script>
</head>
<body>
</body>
</html>
```

Práctica 7. Visualizar los divisores de un número.

Escribir un programa que escriba en pantalla los divisores de un número dado.

```html
<!DOCTYPE html>
<html lang="en">
<head>
    <meta charset="UTF-8">
    <title>Practice 7 - JS</title>
    <script>
            var n1 = parseInt(prompt ("Introduce un numero: "));
            for (i=1; i <= n1 ; i++){
                    if (n1 % i == 0){
                            document.write(i+"<br />");
                    }
            }
    </script>
</head>
<body>
</body>
</html>
```

Práctica 8. Ver divisores comunes de dos números.

Escribir un programa que escriba en pantalla los divisores comunes de dos números dados.

```html
<!DOCTYPE html>
<html lang="en">
<head>
    <meta charset="UTF-8">
```

```
            <title>Practica 8</title>
             <script>
                        var n1 = parseInt(prompt("Introduce un numero: "));
                        var n2 = parseInt(prompt("Introduce otro número: "));
                        for (i=1; i <= n1 ; i++){
                            if (n1 % i == 0){
                                    document.write(i+"<br />");
                            }   .
                        }
             </script>
        </head>
        <body>
            <!-- <script>
            </script>-->
        </body>
        </html>
```

Práctica 9. Ver si un número es primo o no.

Escribir un programa que nos diga si un número dado es primo (no es divisible por ninguno otro número que no sea él mismo o la unidad).

```
var numero = prompt("Introduce un numero: ");
var  contador = 0;
for(let i=0;i<=numero;i++){
        if(numero%i==0){
                document.write(i+ " ");
                contador++;
        }
}
if (contador == 2){
        document.write("Si, es primo");
}else{
        document.write("No es primo");
}
```

RESULTADO:

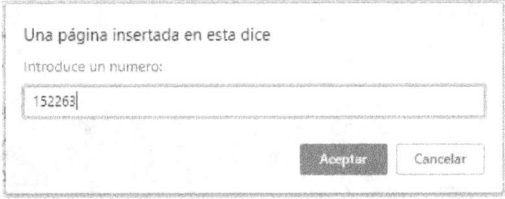

1 3 43 129 3541 10623 152263 No es primo

> Convierte (*parsea*) un argumento de tipo cadena y devuelve un número de punto flotante.
> **parseFloat(cadena)**

Práctica 10. Convertir Grados Celsius a Ferenheit.

Escribe un programa que convierta la temperatura de Celsius a Farenheit y viceversa.

```
var celsius = parseFloat(prompt("Introduce los grados celsius: "));
var faren=(celsius *9/5)+32;

document.write("Grados Celsius a Farenheit: "+faren);

var faren2=parseFloat(prompt("Introduce los grados Farenheit: "));
var celsius2=(faren2-32)*5/9;

document.write("<br>Grados Farenheit a Celsius: "+celsius2);
```

Una página insertada en esta dice   Una página insertada en esta dice

Introduce los grados celsius: Introduce los grados Farenheit:

`28.5`   `280`

Aceptar   Cancelar   Aceptar   Cancelar

Grados Celsius a Farenheit: 83.3
Grados Farenheit a Celsius: 137.77777777777777

Práctica 11. Obtener el mayor y menor de tres números

Escribe un programa que pida 3 números y escriba en la pantalla el mayor de los tres y el menor y nos dé su posición (primero, segundo, tercero) según el orden de lectura.

```javascript
var numeros = new Array();
var menor=0;
var mayor=0;
var posicionMenor=0;
var posicionMayor=0;

for(let i=0;i<3;i++){
        var numero= parseInt(prompt("Introduce un numero"));
        numeros.push(numero);
        menor=numeros[i];
        mayor=numeros[i];
}

for(let i=0;i < numeros.length;i++){

        if(numeros[i] <= menor ){
                menor=numeros[i];
                posicionMenor=i+1;
        }else{
                if(numeros[i] >= mayor){
                        mayor=numeros[i];
                        posicionMayor=i+1;
                }
        }
}
document.write("El numero menor es: "+menor+" y su posición es: "+posicionMenor);
document.write("<br>El numero mayor es: "+mayor+" y su posición es: "+posicionMayor);
```

> El método *push()* añade uno o más elementos al final de un array y devuelve la nueva longitud del array.

RESULTADO:

Esta página dice   Esta página dice

Introduce un numero   Introduce un numero

`5`   `45`

Aceptar   Cancelar   Aceptar   Cancelar

Esta página dice

Introduce un numero

`3`

Aceptar   Cancelar

El numero menor es: 3 y su posición es: 3
El numero mayor es: 45 y su posición es: 2

Práctica 12. Hallar el mínimo común divisor de un número m.c.d.(a,b)

Máximo Común Divisor, se utiliza el algoritmo de Euclides.

Se definen 2 variables n1, n2. Se lee dos valores númericos por teclado, se llama a la función mcdNumero(a,b) se le pasan los valores de los dos números n1,n2.

Se analiza la condición si el numero a es distinto del número b. Si es y el número a es mayor que el número b el número b es igual al número a menos el número b. Sino el número b es igual al número b menos el número a. Se realiza el bucle mientras que el número **a**, se diferente del número b.

Una vez terminado el bucle el resultado será el máximo común divisor se expresa en el valor que contiene el número a.

```
function mcdNumero(a,b){
        while (a!=b){
                if (a>b){    a=a-b;
                }else{ b=b-a;}
        }
     console.log("m.c.d.: "+a);
}
var   n1=parseInt(prompt("dame el primer numero"));
var   n2=parseInt(prompt("dame el segundo numero"));
mcdNumero(n1,n2);
```

RESULTADO:

Esta página dice

Dame el primer numero

| 1028 |

Aceptar Cancelar

Esta página dice

Dame el segundo numero

| 2048 |

Aceptar Cancelar

m.c.d.: 4

UNIDAD DE TRABAJO 3

PRACTICA 1: Ventana con un mensaje Hola.

PRACTICA 2: Abrir y cerrar ventanas, en diferentes script.

PRACTICA 3: Comprobar el ámbito local de las variables en una función.

PRACTICA 4: Leer un número y ver el typeof.

PRACTICA 5: Leer la cadena y concatenar.

PRACTICA 6: Leer un número y realizar conversiones.

PRACTICA 7: Funciones de operadores ~

PRACTICA 8: Conversiones de tipos parseInt(), parseFloat(), Number().

PRACTICA 9: Formato fecha.

PRACTICA 10: Sistema binario, desplazar bits.

PRACTICA 11: Conversión al sistema de numeración.

PRACTICA 12: Convertir al sistema de numeración Decimal.

PRACTICA 13: Reasignación de valores.

PRACTICA 14: El tipo de dato es una cadena.

PRACTICA 15: Comparar fechas.

PRACTICA 16: Leer diferentes partes de una fecha.

ACTIVIDADES DE REPASO.

Operador	Descripción
. [] ()	Acceso a campos, indización de matrices, llamadas a funciones y agrupamiento de expresiones
++ -- - ~ ! delete new typeof void	Operadores unarios, tipos de datos devueltos, creación de objetos, valores no definidos
* / %	Multiplicación, división, división módulo
+ - +	Suma, resta, concatenación de cadenas
<< >> >>>	Desplazamiento bit a bit
< <= > >= instanceof	Menor que, menor o igual que, mayor que, mayor o igual que, instanceof
== != === !==	Igualdad, desigualdad, igualdad estricta y desigualdad estricta
&	AND bit a bit
^	XOR bit a bit
|	OR bit a bit
&&	AND lógico
||	OR lógico
?:	Condicional
= OP=	Asignación, asignación con operación (como += y &=)
,	Evaluación múltiple

Práctica 1: Ventana con un mensaje Hola.

Se abre una ventana que visualiza el mensaje Hola, en la segunda línea visualiza "Que tal te encuentras manejando JavaScript", se cierra la ventana abierta después de la segunda línea a visualizar "Que tal te encuentras manejando JavaScript", se cierra la ventana abierta.

```
document.open();
document.writeln("<pre>Hola</pre><br/>");
document.writeln("Que tal  te encuentras manejando JavaScript");
document.close();
```

- Enviar un mensaje a un identificador id.
```
document.getElementById("idmio").innerHTML ="Que tal   te encuentras manejando
JavaScript";
```

Práctica 2: Abrir y cerrar ventanas, en diferentes script.

Se define una estructura básica de HTML y se definen dos etiquetas <script> una dentro de <head> y la otra dentro del <body>, podían existir fuera pero no es normal. La primera abre una ventana escribe en el documento y cierra la ventana. La segunda abre una ventana escribe y la cierra. La escritura se produce en toda en la misma solapa.

```
<!DOCTYPE html>
<html lang="es">
<head>
    <meta charset="UTF-8">
    <title>Practica 2 - JS</title>
     <script>
        var miVar="cadena";
        document.open();
        document.write("Hola "+miVar);
        document.write(" practica2");
        document.write("<br/>");
        document.close();
    </script>
</head>
<body>
    <script>
        document.open();
        document.write("Segunda apertura, "+miVar);
        document.close();
    </script>
</body>
</html>
```

> Abre una nueva ventana a partir de la actual.
> **document.open()**
> Cierra la ventana activa actual.
> **document.close()**

RESULTADO

Hola cadena practica2
Segunda apertura, cadena

Práctica 3: Comprobar el ámbito local de las variables en una función.

Se define una la apertura de un documento en una nueva ventana .*open()*, se realiza la escritura de dos líneas de código HTML con document.write, se invoca a la función ***prueba()***, que realiza la definición de una variable miVar=56 y se escribe en el documento un mensaje y el contenido de la variable miVar y el tipo de dato que contiene la variable.

```
var miVar = "cadena";
function prueba() {
    var miVar = 56; //ámbito (local) de la función
    document.write("Variable local (para la función). Valor: " + miVar+" Tipo: "+
    typeof(miVar));
}

document.open();
document.write("Variable global. Valor: " + miVar+" Tipo: "+ typeof(miVar));
document.write("<br/>");
prueba();
document.close();
```

RESULTADO

Variable global. Valor: cadena Tipo: string
Variable local (para la función). Valor: 56 Tipo: number

Práctica 4: Leer un número desde teclado y ver el tipo de dato typeof().

Se lee una variable, y se observa en la visualización el tipo de dato que es la variable leída.

```
function leer() {
        var lee;
        lee=prompt("Introduce un número ", "0");
        document.write("Variable local (para la función). Valor: " + lee+" Tipo: "+
        typeof(lee));

        //Visualizar
        alert(lee);
}
leer();
```

> **typeof** devuelve una cadena que indica el tipo del operando sin evaluarlo. operando es la cadena, variable, palabra clave u objeto para el que se devolverá su tipo.

RESULTADO:

Esta página dice
Introduce un número
`345|`
Aceptar   Cancelar

Esta página dice
345
Aceptar

Variable local (para la función). Valor: 345 Tipo: string

Practica 5: Leer una cadena y concatenar después.

Se lee una cadena desde una venta prompt, y posteriormente se realiza una concatenación. La lectura de los datos, por defecto utilizando el método prompt devuelve un String. Se realiza la lectura y la conversión directa a un tipo de dato entero, por medio parseInt().

```
function leer() {
        var lee;
        lee = prompt("Introduce un número ", "0");
        document.write("Variable local (para la función). Valor: " + lee+" Tipo: "+
        typeof(lee));
        document.write("<br/>");
        leeDos = parseInt(prompt("Introduce un segundo número ", "0");
        salida = lee+leeDos;
        document.write("El valor de la variable leída en segundo lugar"+leeDos+" es de
        tipo "+ typeof(leeDos));
        document.write("Nueva variable local (para la función). Valor: " + salida+"
        Nuevo tipo: "+ typeof(salida));
}
leer();
```

RESULTADO

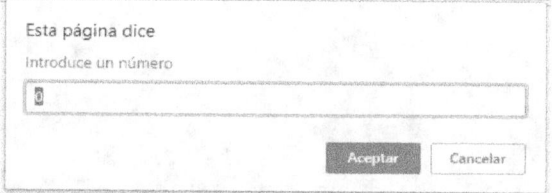

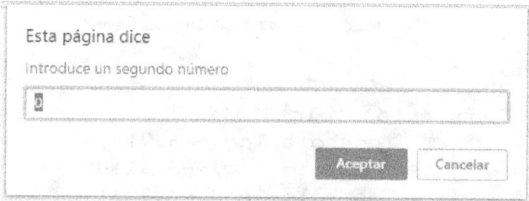

Variable local (para la función). Valor: 14 Tipo: String
El valor de la variable leída en segundo lugar145 es de tipo numberNueva variable local (para la función). Valor: 14145 Nuevo tipo: string

Práctica 6: Leer() un número y realizar conversiones.

El prompt lee un valor, previa asignación por defecto del valor "0" que aparece difuminado en el campo de lectura. Se visualiza el valor leído y se indica el tipo de dato *typeof(lee)*. Se realizan dos conversiones del dato leído que es un String, se convierte a Entero y se le suma el número 5 *parse(lee)+5*. Se pasa a float y se le suma 3.55, con *parseFloat(lee)+3.55*; se realiza una visualización en una ventana alert de los diferentes valores obtenidos. Se hace una conversión de un float + un integer y observamos el tipo resultante en la variable z. Se realizan un post incremento y pre incremento a la variable z.

```
function leer() {
        var lee;
        lee=prompt("Introduce un número ", "0");
        document.write("Variable local (para la función). Valor: " + lee+" Tipo: "+
        typeof(lee));
```

```
//Conversión a número
y=parseInt(lee)+5;
j=parseFloat(lee)+3.55;
alert("Primera conversión:"+lee+"+"+5+" = "+y+" Tipo: "+typeof(y)+"\n"+"Segunda
conversión: "+lee+"+"+3.55+" = "+ j+" Tipo: "+typeof(j));
z= 56.88+parseInt("5.22");
alert(z+" Tipo: "+typeof(z));
z+=4;
++z;
alert(z);
}

leer();
```

> **window.confirm()** muestra una ventana de diálogo con un mensaje opcional y dos botones, Aceptar y Cancelar.
> **result = window.confirm(message);**
> **message:** es la cadena que se muestra opcional en el diálogo.
> **result:** es un valor booleano indicando si se ha pulsado Aceptar o Cancelar (Aceptar devuelve true).

RESULTADO:

Esta página dice
Introduce un número
4587
Aceptar | Cancelar

Esta página dice
Primera conversión:4587+5 = 4592 Tipo: number
Segunda conversión: 4587+3.55 = 4590.55 Tipo: number
Aceptar

Esta página dice
61.88 Tipo: number
Aceptar

Esta página dice
66.88
Aceptar

Variable local (para la función). Valor: 4587 Tipo: string

Práctica 7: Funciones de operadores ~

El **operador ~**: es un operador binario de negación o complemento (***bitwise NOT operator***). Este operador convierte el operando en un ***entero*** de 32 bits para luego invertir cada bit individualmente. Los ceros se convierten en unos y los unos en ceros.

1. El operador doble (~~) se utiliza para redondear, como un equivalente rápido de **Math.floor()**. Al invertir los bits dos veces quedan igual que antes, pero la conversión a entero permanece (utiliza el método interno ***toInt32***).

Esta función no es valida
```
function toInt32(){
        window.write(~~5.7);        // => 5
        window.write(~~32.18897);   // => 32
        window.write(~~5.7e1);      // => 57  (podemos utilizar notación
        exponencial)
        window.write(~~314e-2);     // => 3
}
```

Console
5
32
57
3
-6
-33
-58
-4

Esta función si es válida.
```
function toInt32(){
        console.log(~~5.7);         // => 5
        console.log(~~32.18897);    // => 32
        console.log(~~5.7e1);       // => 57 (podemos utilizar notación
        exponencial)
        console.log(~~314e-2);      // => 3
        // el redondeo con número negativos es un negativo más grande
        console.log(~5.7);          // => -6
        console.log(~32.18897);     // => -33
        console.log(~5.7e1);        // => -58 (podemos utilizar notación exponencial)
        console.log(~314e-2);       // => -4
}
```

Console
-5
-6
-5
-32
-33
-32

Lo que hace realmente la doble negación binaria es eliminar cualquier número después de la coma (truncar, más que redondear). Para los número positivos esto es equivalente a ***Math.floor()***, pero para los números negativos no. Para los negativos es equivalente a ***Math.ceil()***, ya que redondea hacia cero:
```
function verTruncar(){
        console.log(~~-5.7);                  // => -5
        console.log(Math.floor(-5.7));        // => -6
        console.log(Math.ceil(-5.7));         // => -5
        console.log(~~-32.18897);             // => -32
        console.log(Math.floor(-32.18897));   // => -33
        console.log(Math.ceil(-32.18897));    // => -32
```

```
    }
```
Más diferencias con Math.floor()

Ademas de que el redondeo de números negativos no es igual, si el operando no es convertible a número, no nos va a devolver NAN, sino 0.

```javascript
function ningunoCero(){
        console.log(~~"abc");      // => 0
        console.log(~~null);       // => 0
        console.log(~~undefined);  // => 0
        console.log(~~{});         // => 0
        console.log(~~[]);         // => 0
        console.log(~~(1/0));      // => 0
        console.log(~~false);      // => 0
        console.log(~~true);       // => 1 //true es convertible a 1
    }
```

Práctica 8: Conversiones de tipos parseInt(), parseFloat(), Number()

Se utilizan tres funciones de conversión *parseInt(), parseFloat(), Number(),* a cada una de estas funciones se le pasa diferentes valores: cadenas numéricas de enteros, decimales, cadenas, numero y letras, números con valores exponenciales, cadenas vacías y *null*, conversiones de sistemas de numeración de decimal a octal, hexadecimal, y binario.

Se observan los resultados ejecutados en el navegador y se muestran en la consola, también se han realizado comprobaciones en jsbin.com.

```javascript
function parseNumer(){
        console.log(parseInt("10"));          // 10
        console.log(parseInt("10.8"));        // 10
        console.log(parseInt("10 22"));       // 10
        console.log(parseInt(" 14 "));        // 14
        console.log(parseInt("20 dias"));     // 20
        console.log(parseInt("Hace 20 dias")); // NaN
        console.log(parseInt("55aa33bb"));    // 55
        console.log(parseInt("3.14"));        // 3
        console.log(parseInt("314e-2"));      // 314
        console.log(parseInt(""));            // NaN el string vacio se convierte a NaN
        console.log(parseInt(null));          // NaN
        console.log(parseInt("10",10));       // 10
        console.log(parseInt("010"));         // 10   * 8 en navegadores antiguos *
        console.log(parseInt("10",8));        // 8
        console.log(parseInt("0x10"));    // 16 0x indica que el número es hexadecimal
        console.log(parseInt("10",16));       //16
        console.log(parseFloat("3.14"));      // 3.14
        console.log(parseFloat("314e-2"));    // 3.14
        console.log(parseFloat("0.0314E+2")); // 3.14
        console.log(parseFloat("3.14dieciseis")); // 3.14
        console.log(parseFloat("A3.14"));     // NaN
        console.log(parseFloat("tres"));      // NaN
        console.log(parseFloat("e-2"));       // NaN
        console.log(parseFloat("0x10"));      // 0 No admite el prefijo 0x para indicar
        'hexadecimal'
        console.log(parseFloat(""));          // NaN el string vacío se convierte a NaN
        console.log(parseFloat(null));        // NaN
        console.log(Number("12"));            // 12
        console.log(Number("3.14"));          // 3.14
        console.log(Number("314e-2"));        // 3.14
        console.log(Number("0.0314E+2"));     // 3.14
        console.log(Number("e-2"));           // NaN
        console.log(Number('0x10'));          // 16 admite el prefijo 0x para indicar
        'hexadecimal'
        console.log(Number(true));     // 1
        console.log(Number(false));    // 0
        //también podemos incluir una expresión con resultado boolean
        console.log(Number( (1<2) ));     // 1
        console.log(Number( (1===2) ));   // 0
}
```

Permite visualizar en la consola del navegador, mensajes de salida.

```
console.log(cadena);
```
Se puede utilizar console.info

Emite un mensaje informativo a la Consola Web. En Firefox y Chrome, se muestra un pequeño ícono "i" junto a estos elementos en el registro de la Consola Web.

```
console.info(Cadena);
console.info(Cadena,Substr1..SubstrN);
```

Console
0
0
0
0
0
0
0
1

Console
10
10
10
14
20
NaN
55
3
314
NaN
NaN
10
10
3.14
3.14
3.14
3.14
NaN
NaN
NaN
0
NaN
NaN
12
3.14
3.14
3.14
NaN
16
1
0
1
0

Práctica 9: Sistema binario, desplazar bits.

Crear una función que permita desplazar bits a la derecha << a la izquierda >>, tantos bits con el digito que se acompañe a la izquierda del símbolo (*4<<3   4>>1*). La comprobación se puede realizar con la calculadora programada de Windows 10 (ej.:   4 [botón Lsh] 2 [=] ; 4 [botón Rsh] 2 [=]) .

Se realiza una función que realiza un desplazamiento de bits de derecha a izquierda o de izquierda a derecha, tantas posiciones como índice el número a la izquierda. *a<<2* desplaza todos los bits dos posiciones de derecha a izquierda, *b>>3* realiza una desplazamiento de 3 posiciones de izquierda a derecha.

```
function desplaza() {
    var a=4;
    //Desplazar hacia izq
    b = a<<2;
    /*       0000 0100       a       0001 0000               */
    //Desplazar hacia der
    c = b>>3;
    /*       0001 0000       a       0000 0010               */
    d=255;
    //Negación de bits
    w=~d;
    document.write("El valor de b es: "+b+" El valor de c es "+c+" d, que es 0,
    negado es "+w);
}
desplaza();
```

RESULTADO
El valor de b es: 16 El valor de c es 2

Práctica 10: Conversión al sistema de numeración Hexadecimal a Decimal.

Convertir un número del sistema Hexadecimal al sistema Decimal. Se pregunta por el tipo de dato que tiene asignado la variable (lenguaje débilmente tipado).

```
function desplaza() {
    var a=0X45;
    document.write("El valor de a es: "+a+". Tipo de dato: "+typeof(a));
}
desplaza();
```
El valor de a es: 69. Tipo de dato: number

Práctica 11: Convertir a diferentes sistema de numeración.

Permite pasar de un sistema de numeración a otro el valor inicial es una cadena, el segundo parámetro es el sistema de numeración origen   parseInt(Cadena,SistemaDeNumeracion), por defecto se convierte el valor a decimal.

```
function sistemaNumeracion() {
    document.write( parseInt("65370", 8)    + "<br />" );
    document.write( parseInt("340", 10)   + "<br />" );
    document.write( parseInt("10FE365", 16)   + "<br />" );
    document.write( parseInt("011010101", 2)   + "<br />" );
}
sistemaNumeracion();
```

RESULTADO:
RESULTADO: en el sistema de enumeración Decimal.

27384

340

17818469

213

Convierte una cadena, en número entero. Se puede especificar la base de sistema de numeración que se desea que se devuelva.
`parseInt(cadena, base);`

Práctica 12: Reasignación de valores y tipos a variables.

Comprobar los tipos de datos leídos por teclados, se compara si es mayor o igual a 5 se visualizar un mensaje en una ventana de tres valores, concatenados + una cadena. Se llama a una función cadenalee()

```
function cadenalee() {
    var a = 3;
    y = 5;
    let m = prompt("Dame un numero mayor que: ","5");
    if(m >= y){
        let z = "solo en el bloque";
        alert(a+" "+y+" "+m+" "+z);
```

```
        }
        document.write("El valor de a es: "+a+". Tipo de dato: "+typeof(a));
    }
    cadenalee();
```

RESULTADO

Esta página dice

Dame un numero mayor que:

[ ]

Esta página dice

3 5 23 solo en el bloque

Aceptar Cancelar

Aceptar

El valor de a es: 3. Tipo de dato: number

Práctica 13: Comprobar el tipo de dato si es una cadena.

Comprobar que el tipo de dato es una cadena.

```
dato = prompt("Dame un valor");
if (typeof(dato) === "string"){
        alert("Es una cadena");
}
```

Comprobar el tipo de dato que se ha asignado a una variable. El tipo depende del valor escrito. Se comprueba si es **string** o **number.** Se utiliza un parseInt() para comprobar si es String y parseFloat() para comprobar si es number.

PASO 1: Fragmentar líneas utilizando \

Se fragmentan las líneas utilizando \ se continua en la siguiente línea.

```
<script>
    dato = prompt("Dame un valor");
    if (typeof(parseInt(dato)) === "string"){
        document.write("Valor correcto" + "<br />");
    }
    (typeof(parseFloat(dato)) === "number") ? \
        document.write("Es un numero");\
        :document.write("No es un numero");
    document.write("<br />" + "final");
</script>
```

> El operador ternario es un condicional simple que ejecuta una de dos instrucciones posibles dependiendo de la evaluación previa de una condición.
> *condition   ?   instruccionIfTrue   :   instructionIfFalse;*
> *Ej.: con asignación*
> *var status = (user.name && user.pass) ? 'Logged' : 'Unlogged';*

PASO 2: Comprobar un tipo si es exactamente igual a una comparación.

Se comprueba que el tipo dato es tipo String o tipo de dato es un número. Se utiliza la comprobación === para que sea exactamente igual .

```
<script>
        dato = prompt("Dame un valor");
        var x = parseInt(dato);
        if (typeof(parseInt(dato)) === "string"){
            document.write("Valor correcto" + "<br />");
        }
        (typeof(x) === "number") ? document.write("Es un numero") : document.write("No
        es un numero");
        document.write("<br />" + "final");
</script>
```

PASO 3: Comprobación múltiple en función del tipo de dato de una variable.

Se crea una función para analizar todos los tipos de datos, que puede asignar a una variable, se analiza en función del typeof(leído), se analiza en una condición múltiple.

```
<script>

        function tipoValor(leido) {
            switch (typeof(leido)) {
                case 'string':
                    return ("Es una cadena");
                case 'number':
                    return("Es un numero");
                case 'boolean':
                    return("Es boolean");
                case 'null':
                    return("Es null");
        /*      case 'nan':
                    return("Valor no definido"); */
                case 'object':
                    return("Es un objeto");
                default:
                    return("Valor no definido");
```

> Condición múltiple con un operador ternario
> var a=11;
> var numeroLiteral = a == 5 ? 'Cinco' :
>   a == 7 ? 'Siete' :
>   a == 11 ? 'Once' :
>   a == 15 ? 'Quince' : 'Otro Número';
> console.log(numeroLiteral);
> // resultado del asignación del valor

```
            }
        }
        dato = prompt ("Escribe un numero o una cadena");
        document.write(tipoValor(dato)+"<br />");
        var nuevo = null;
        document.write(tipoValor(nuevo)+"<br />");
        document.write(tipoValor(otro=5));
</script>
```

PASO 4: Crear un bucle pasando los parámetros como paso de valores.

Crear una función que permite realizar un bucle for, con valores pasados por valor, **i** valor inicial, **f** valor final, **increm** es el incremento. Se utiliza un salto de incremento en el bucle **continue**.

```
function miBucle(i,f,increm) {
    for (x = i; x <= f; x+=increm){
        if (x <= 10){
            continue;
        }
        document.write(x+ "<br />");
        if(x >= 15){
            break;
        }
    }
}
var inicio = prompt ("Primer valor");
var fin = prompt ("Ultimo valor");
var incremento = prompt ("Incremento");

miBucle(parseInt(inicio),parseInt(fin),parseInt(incremento));
```

PASO 5: Uso de un bucle while con incremento.

Utilizar un bucle do **while{}**, con la condición al principio del while. El bucle se controla con un incremento de un contador.

```
// Definición de variables usadas en bucles
var contar = 0, acu = 0;
while(contar <= 10){
    document.write(contar+ "<br />");
    acu+=contar;
    contar++;
}
document.write(acu);
```

PASO 6: Uso del bucle while con comprobación de condición al final.

Utilizar un bucle **do while{}**, con incremento en la última línea del bucle y la condición al final del bucle. Esto implica que como mínimo el bucle debe de ejecutarse una vez.

```
// Definición de variables usadas en bucles
var contar = 0, acu = 0;
do{
    document.write(contar+ "<br />");
    acu+=contar;
    contar++;
}while(contar <= 10);
document.write(acu);
```

PASO 7: Comprobar divisiones incorrectas.

Se visualiza el tipo de dato que resulta de realizar la división de dos números si el resultado es Indeterminado o no, el resultado que se pretende analizar si es "Infinity" "-Infinity". Se realizan diferentes operaciones para comprobar que pasa que el número resultante es infinito.

```
<script>
    function queTipo(valor){
        document.write("El resultado es: "+typeof(valor)+" "+result+"<br />");
        if (valor == "Infinity" || valor == "-Infinity"){
            document.write("El resultado es un tipo indeterminado: "+valor);
        } else {
            Document.write("El resultado no es indeterminado "+valor);
        }
    }
    var i = -5, x = 0;
    queTipo(result = i/x);     // -Infinity
    var i=0 , x= 0;
    queTipo(result = i/x);     //  Infinity
    var i=0, x=-5;
    queTipo(result = i/x);     //   El resultado es Cero
    var i=0,   x=5;
```

```
            queTipo(result = i/x);

    </script>
```

Práctica 14: Formato fecha.

Crear un objeto tipo fecha, y obtener las horas, minutos y segundos del objeto fecha obtenido.

```
function verTiempo() {
        var d = new Date();
        var n = d.getDate();
        var hours = Math.floor(n / 3600 );
        var minutes = Math.floor( ( n % 3600) / 60 );
        var seconds = n % 60;

        //Anteponiendo un 0 a los minutos si son menos de 10
        minutes = minutes < 10 ? '0' + minutes : minutes;

        //Anteponiendo un 0 a los segundos si son menos de 10
        seconds = seconds < 10 ? '0' + seconds : seconds;

        var result = hours + ":" + minutes + ":" + seconds;   // 2:41:30
return result;
}
console.log("primera visualización"+verTiempo());
programarAviso();
console.log("segunda visualización"+verTiempo());

function programarAviso(){
    setTimeout(function(){mostrarAviso()},3000);
}

function mostrarAviso(){
    alert("Han pasado los tres segundos");
}
```

> charAt() de String devuelve en un nuevo String el carácter UTF-16 de una cadena.
> **Math.toSource()**
> Devuelve la cadena "Math".

> Esta alerta se dispara a los tres segundos. La función a la que llama y el tiempo que tiene que transcurrir antes que se produzca la llamada a la función **mostrarAviso()**
>
> ```
> setTimeout(function(){mostrarAviso()},
>           3000); // 3000ms = 3s
> ```

RESULTADO

```
primera visualización0:00:17
segunda visualización0:00:17
```

Esta página dice

Han pasado los tres segundos

Aceptar

Práctica 15: Comparar fechas.

Dado un formulario, en el que se introduce una campo de fechas y un botón de envío type="submit". En el formulario se define el atributo onSubmit="compararFechas()".

Se procede a la comparación de la fecha introducida con la fecha del sistema, previamente se realizar un comprobación de creación de una fechaDos, con el formato DD/MM/AAAA

```
        <html>
            <head>
                <title>Comparación Fechas JS</title>
                <script src="libfechas.js"></script>
            </head>
            <body>
                <form id="Formulario" onSubmit="compararFechas()">
                    <table>
                        <tr>
                            <th align="left">Introduce Fecha:</th>
                            <th><input id="Fecha" type="text"></input></th>
                            <th><input type="submit" value="Enviar"></input></th>
                        </tr>
                    </table>
                </form>
            </body>
        </html>
```

libfechas.js

```
/* Librería de fechas
```

```
*/
function comparaFechas(){
        // Se comprueba que la fecha tenga el formato correcto
        var fecha_aux = document.getElementById("Fecha").value.split("/");
        var fechaDos = new Date(parseInt(fecha_aux[2]),parseInt(fecha_aux[1]-
        1),parseInt(fecha_aux[0]));
        // Comprobamos si existe la fecha
        if (isNaN(fechaDos)){
                alert("Fecha introducida incorrecta");
                return false;
        }else{
                alert("La fecha que has introducido es "+fechaDos);
        }
        hoy = new Date();//Fecha actual del sistema
        if (fechaDos < hoy){
                alert ("La fecha introducida es anterior a Hoy");
        }else{
                if (fechaDos == Hoy){
                        alert ("Has introducido la fecha de Hoy");
                }else{
                        alert ("La fecha introducida es posterior a Hoy");
                }
        }
}
```

PROPIEDADES Math

PROPIEDADES	DESCRIPCIÓN
Math.E	Constante de Euler, la base de los logaritmos naturales.
Math.LN2	Logaritmo natural de 2.
Math.LN10	Logaritmo natural de 10.
Math.LOG2E	Logaritmo de E con base 2.
Math.LOG10E	Logaritmo de E con base 10.
Math.PI	Ratio de la circunferencia de un círculo respecto a su diámetro.
Math.SQRT1_2	Raíz cuadrada de 1/2; Equivalentemente, 1 sobre la raíz cuadrada de 2.
Math.SQRT2	Raíz cuadrada de 2.

Métodos

MÉTODO	DESCRIPCIÓN
Math.abs(x)	Devuelve el valor absoluto de un número.
Math.acos(x)	Devuelve el arco coseno de un número.
Math.acosh(x)	Devuelve el arco coseno hiperbólico de un número.
Math.asin(x)	Devuelve el arco seno de un número.
Math.asinh(x)	Devuelve el arco seno hiperbólico de un número.
Math.atan(x)	Devuelve el arco tangente de un número.
Math.atanh(x)	Devuelve el arco tangente hiperbólico de un número.
Math.atan2(y, x)	Devuelve el arco tangente del cociente de sus argumentos.
Math.cbrt(x)	Devuelve la raíz cúbica de un número.
Math.ceil(x)	Devuelve el entero más pequeño mayor o igual que un número.
Math.clz32(x)	Devuelve el número de ceros iniciales de un entero de 32 bits.
Math.cos(x)	Devuelve el coseno de un número.
Math.cosh(x)	Devuelve el coseno hiperbólico de un número.
Math.exp(x)	Devuelve E^x, donde x es el argumento, y E es la constante de Euler (2.718...), la base de los logaritmos naturales.
Math.expm1(x)	Devuelve $e^x - 1$.
Math.floor(x)	Devuelve el mayor entero menor que o igual a un número.
Math.fround(x)	Devuelve la representación flotante de precisión simple más cercana de un número.
Math.hypot([x[,y[, ...]]])	Devuelve la raíz cuadrada de la suma de los cuadrados de sus argumentos.
Math.imul(x, y)	Devuelve el resultado de una multiplicación de enteros de 32 bits.
Math.log(x)	Devuelve el logaritmo natural (log, también ln) de un número.
Math.log1p(x)	Devuelve el logaritmo natural de x + 1 (loge, también ln) de un número.
Math.log10(x)	Devuelve el logaritmo en base 10 de x.
Math.log2(x)	Devuelve el logaritmo en base 2 de x.
Math.max([x[, y[, ...]]])	Devuelve el mayor de cero o más números.

MÉTODO	DESCRIPCIÓN
Math.min([x[, y[, ...]]])	Devuelve el más pequeño de cero o más números.
Math.pow(x, y)	Las devoluciones de base a la potencia de exponente, que es, baseexponent.
Math.random()	Devuelve un número pseudo-aleatorio entre 0 y 1.
Math.round(x)	Devuelve el valor de un número redondeado al número entero más cercano.
Math.sign(x)	Devuelve el signo de la x, que indica si x es positivo, negativo o cero.
Math.sin(x)	Devuelve el seno de un número.
Math.sinh(x)	Devuelve el seno hiperbólico de un número.
Math.sqrt(x)	Devuelve la raíz cuadrada positiva de un número.
Math.tan(x)	Devuelve la tangente de un número.
Math.tanh(x)	Devuelve la tangente hiperbólica de un número.
Math.trunc(x)	Devuelve la parte entera del número x, la eliminación de los dígitos fraccionarios.

Práctica 16: Leer diferentes partes de una fecha. Crear un calendario.

- Para crear un objeto Date.
  var dateObjectName = new Date([parameters]);
- Definimos la siguiente fecha:
  var fechaActual = new Date("June 25, 2018");

Seconds y minutes: 0 a59
Hours: 0 a 23
Day: 0 (Domingo) a 6 (sábado)
Date: 1 al 31 (día del mes)
Months: 0 (enero) a 11 (diciembre)
Year: año desde 1900

Método	Descripción
getDate ()	Devuelve el día del mes (de 1 a 31)
getDay ()	Devuelve el día de la semana (de 0 a 6)
getFullYear ()	Devuelve el año
getHours ()	Devuelve la hora (de 0 a 23)
getMilliseconds ()	Devuelve los milisegundos (de 0 a 999)
getMinutes ()	Devuelve los minutos (de 0 a 59)
getMonth ()	Devuelve el mes (de 0-11)
getSeconds ()	Devuelve los segundos (de 0 a 59)
getTIme ()	Devuelve el número de milisegundos desde la medianoche del 1 de enero de 1970, y una fecha especificada
getTimezoneOffset ()	Devuelve la diferencia horaria entre la hora UTC y la hora local, en minutos
getUTCDate ()	Devuelve el día del mes, de acuerdo con la hora universal (de 1 a 31)
getUTCDay ()	Devuelve el día de la semana, de acuerdo con la hora universal (de 0 a 6)
getUTCFullYear ()	Devuelve el año, de acuerdo con la hora universal
getUTCHours ()	Devuelve la hora, de acuerdo con la hora universal (de 0 a 23)
getUTCMilliseconds ()	Devuelve los milisegundos, de acuerdo con la hora universal (desde 0-999)
getUTCMinutes ()	Devuelve los minutos, según la hora universal (de 0 a 59)
getUTCMonth ()	Devuelve el mes, de acuerdo con la hora universal (de 0-11)
getUTCSeconds ()	Devuelve los segundos, según la hora universal (de 0 a 59)
getYear()	Obsoleto. Use el método getFullYear () en su lugar
now()	Devuelve el número de milisegundos desde la medianoche del 1 de enero de 1970
parse()	Analiza una cadena de fecha y devuelve la cantidad de milisegundos desde el 1 de enero de 1970
setDate ()	Establece el día del mes de un objeto de fecha
setFullYear ()	Establece el año de un objeto de fecha
setHours ()	Establece la hora de un objeto de fecha
setMilliseconds ()	Establece los milisegundos de un objeto de fecha
setMinutes ()	Establece los minutos de un objeto de fecha
setMonth ()	Establece el mes de un objeto de fecha
setSeconds ()	Establece los segundos de un objeto de fecha
setTime ()	Establece una fecha en un número específico de milisegundos después del 1 de enero de 1970
setUTCDate ()	Establece el día del mes de un objeto de fecha, de acuerdo con la hora universal
setUTCFullYear ()	Establece el año de un objeto de fecha, de acuerdo con la hora universal
setUTCHours ()	Establece la hora de un objeto de fecha, de acuerdo con la hora universal
setUTCMilliseconds ()	Establece los milisegundos de un objeto de fecha, de acuerdo con la hora universal
setUTCMinutes ()	Establece los minutos de un objeto de fecha, de acuerdo con la hora universal
setUTCMonth ()	Establece el mes de un objeto de fecha, de acuerdo con la hora universal
setUTCSeconds ()	Establece los segundos de un objeto de fecha, de acuerdo con la hora universal
setYear ()	Obsoleto. Use el método setFullYear () en su lugar
toDateString ()	Convierte la parte de fecha de un objeto Date en una cadena legible
toGMTString ()	Obsoleto. Use el método toUTCString () en su lugar
toISOString ()	Devuelve la fecha como una cadena, utilizando el estándar ISO
toJSON ()	Devuelve la fecha como una cadena, formateada como una fecha JSON
toLocaleDateString ()	Devuelve la parte de fecha de un objeto Date como una cadena, utilizando las convenciones de configuración regional
toLocaleTimeString ()	Devuelve la porción de tiempo de un objeto Date como una cadena, utilizando las convenciones de configuración regional
toLocaleString ()	Convierte un objeto Date en una cadena, utilizando las convenciones de configuración regional
toString ()	Convierte un objeto Date en una cadena
toTimeString ()	Convierte la parte de tiempo de un objeto Date en una cadena
toUTCString ()	Convierte un objeto Date en una cadena, de acuerdo con la hora universal
UTC ()	Devuelve el número de milisegundos en una fecha desde la medianoche del 1 de enero de 1970, según la hora UTC
valueOf ()	Devuelve el valor primitivo de un objeto Date

Métodos de fecha UTC

Los métodos de fecha UTC se usan para trabajar con fechas UTC (fechas de zona horaria universal):

PASO 1: Fecha con el nombre del mes.

Se define una variable de array que contenga los meses del año. Se define un variable f tipo Date(); se le aplican los métodos de lectura de la fecha, mes y el año de la fecha actual.

```
var meses = new Array;
meses=("Enero","Febrero","Marzo","Abril","Mayo","Junio","Julio","Agosto","Septiembre"
,"Octubre","Noviembre","Diciembre");
var f=new Date();
document.write(f.getDate() + " de " + meses[f.getMonth()] + " de " +
f.getFullYear());
```

PASO 2: Fecha con nombre de mes y nombre de día de la semana.

Se crea un array que contenga los días de la semana, se crea un nuevo objeto tipo date() y se llama al método del día de la semana la fecha actual, se obtiene valores númericos que se sustituyen el índice del mes y el diaSemana.

```
var diasSemana = new
Array("Domingo","Lunes","Martes","Miércoles","Jueves","Viernes","Sábado");
var f=new Date();
document.write(diasSemana[f.getDay()] + ", " + f.getDate() + " de " +
meses[f.getMonth()] + " de " + f.getFullYear());
```

PASO 3: Obtener a partir de una fecha si un año es bisiesto o no.

Se parte de la condición que un año es bisiesto si es múltiplo de 4, excepto los múltiplo de 100 pero no de 400.

```
var fecha = new Date();
var ano = fecha.getFullYear();
var mes = fecha.getMonth();
var dia = fecha.getDate();
var estiloDia;
var meses = new Array
("Enero","Febrero","Marzo","Abril","Mayo","Junio","Julio","Agosto","Septiembre","Octu
bre","Noviembre","Diciembre");
var diasSemana = new
Array("Domingo","Lunes","Martes","Miércoles","Jueves","Viernes","Sábado");
var diasMes = new Array(31, 28, 31, 30, 31, 30, 31, 31, 30, 31, 30, 31);
var diaMaximo = diasMes[mes];
if (mes == 1 && (((ano % 4 == 0) && (ano % 100 != 0)) || (ano % 400 == 0)))
    diaMaximo = 29;
```

PASO 4: Obtener una representación gráfica.

Inicialmente es correcta si partimos del primer día del mes si es cualquier otro día, hay que calcularlo. Se agrega la siguiente parte del código, para visualizar el mes y calcular el día de la semana del mes.

```
document.write('<div class="mifecha2">');
document.write('<div class="mesano">' + meses[mes] + ' ' + ano + ':</div>');

var diaSemana=f.getDay();
```

Se agregan dos espacios en blanco para que según el formato de las hojas de estilo, salte del mes Agosto 2018 a la siguiente línea.

```
document.write('<br> <br>');
```

Si el valor 1 se colocan tantos espacios como días.

```
if (i==1){
      estiloDia = "dia";
      cero="";
      document.write('<div class="' + estiloDia + '">' + cero + '</div>');
      document.write('<div class="' + estiloDia + '">' + cero + '</div>');
}
```

Dentro de bucle también se encuentra la siguiente condición, que permite cambiar el estilo de gris a gris oscuro si el número de día corresponde con la fecha actual.

```
if(i == dia)
    estiloDia = "diaactual";
else
    estiloDia = "dia";
```

Se agrega esta condición para representar solo el número de días de la semana e inicializar el contador.

```
if(diaSemana>7){
      document.write('<br> <br>');
      diaSemana=1;
}
diaSemana++;
```

Bucle de visualización.

```
for (i=1; i<=diaMaximo; i++){
    . . .
        document.write('<div class="' + estiloDia + '">' + i + '</div>');
}
document.write('</div>');
```

Se definen los estilos a utilizaren los identificadores.

```css
<style type="text/css">
    .mifecha2 {
        border: 1px solid #ddd;
        padding: 3px;
        text-align: center;
        font-family:verdana, arial;
        font-size: 10pt;
        overflow: hidden;
        width: 100%
    }
    .mifecha2 .mesano{
        float: left;
        padding: 3px;
        font-weight: bold;
    }
    .mifecha2 .dia, .mifecha2 .diaactual{
        width: 20px;
        padding: 3px;
        margin-left: 3px;
        background-color: #ddd;
        float: left;
    }
    .mifecha2 .diaactual{
        background-color: #999;
        font-weight: bold;
    }
</style>
<script>
    var f=new Date();
    var ano = f.getFullYear();
    var mes = f.getMonth();
    var dia = f.getDate();
    var estiloDia;
    var meses = new Array ("Enero","Febrero","Marzo","Abril","Mayo","Junio",
    "Julio","Agosto","Septiembre","Octubre","Noviembre","Diciembre");
    var diasSemana = new Array("Domingo","Lunes","Martes","Miércoles","Jueves",
    "Viernes","Sábado");
    var diasMes = new Array(31, 28, 31, 30, 31, 30, 31, 31, 30, 31, 30, 31);
    var diaMaximo = diasMes[mes];
    if (mes == 1 && (((ano % 4 == 0) && (ano % 100 != 0)) || (ano % 400 == 0)))
        diaMaximo = 29;
    document.write('<div class="mifecha2">');
    document.write('<div class="mesano">' + meses[mes] + ' ' + ano + ':</div>');
    var diaSemana=f.getDay();
    document.write('<br> <br>');
    for (i=1; i<=diaMaximo; i++){
        if (i==1){
                estiloDia = "dia";
                cero="";
                document.write('<div class="' + estiloDia + '">' + cero + '</div>');
                document.write('<div class="' + estiloDia + '">' + cero + '</div>');
        }
        if(diaSemana>7){
            document.write('<br> <br>');
            diaSemana=1;
        }
        if(i == dia)
          estiloDia = "diaactual";
        else
          estiloDia = "dia";
        document.write('<div class="' + estiloDia + '">' + i + '</div>');
        diaSemana++;
    }
    document.write('</div>');
</script>
```

RESULTADO:

Agosto 2018:

1	2	3	4	5
6	7	8	9	10	11	12
13	14	15	16	17	18	19
20	21	22	23	24	25	26
27	28	29	30	31

Octubre 2018:

1	2	3	4	5	6	7
8	9	10	11	12	13	14
15	16	17	18	19	20	21
22	23	24	25	26	27	28
29	30	31

Observados los resultados para el segundo mes hay que errores en la primera línea, y hay que quitar temporalmente las líneas.

```
document.write('<div class="' + estiloDia + '">' + cero + '</div>');
document.write('<div class="' + estiloDia + '">' + cero + '</div>');
```

SOLUCION FINAL:

Se define la posición inicial con la variable `cero=" X ";` ocupa la primeras posiciones y se debe repetir tantas veces como días de la semana, forman parte de los días del mes anterior. Se controla con la variable posición es la variable que se define con el valor inicial a 1 dentro del mes seleccionado, para obtener el día de la semana inicial que ocupa dentro de ese mes, se controla dentro de la condición if (i==1), que si se cumple solo se ejecutará para construir el primer día del mes y la posición inicial que ocupa se rellena de " X " , los días que faltan para llegar al día 1 de este mes. La variable numeroPos controla la posición de colocación y de los días de la semana.

```
if (i==1) {
    cero=" X ";
    estiloDia = "dia";
        cero=" X ";
    estiloDia = "dia";
    switch (numeroPos){
      case 1: break;
      case 2:
            document.write('<div class="' + estiloDia + '">' + cero + '</div>');
            break;
      case 3:
            document.write('<div class="' + estiloDia + '">' + cero + '</div>');
            document.write('<div class="' + estiloDia + '">' + cero + '</div>');
            break;
      case 4:
            document.write('<div class="' + estiloDia + '">' + cero + '</div>');
            document.write('<div class="' + estiloDia + '">' + cero + '</div>');
            document.write('<div class="' + estiloDia + '">' + cero + '</div>');
            break;
      case 5:
            document.write('<div class="' + estiloDia + '">' + cero + '</div>');
            document.write('<div class="' + estiloDia + '">' + cero + '</div>');
            document.write('<div class="' + estiloDia + '">' + cero + '</div>');
            document.write('<div class="' + estiloDia + '">' + cero + '</div>');
            break;
      case 6:
            document.write('<div class="' + estiloDia + '">' + cero + '</div>');
            document.write('<div class="' + estiloDia + '">' + cero + '</div>');
            document.write('<div class="' + estiloDia + '">' + cero + '</div>');
            document.write('<div class="' + estiloDia + '">' + cero + '</div>');
            document.write('<div class="' + estiloDia + '">' + cero + '</div>');
            break;
      case 0:
            document.write('<div class="' + estiloDia + '">' + cero + '</div>');
            document.write('<div class="' + estiloDia + '">' + cero + '</div>');
            document.write('<div class="' + estiloDia + '">' + cero + '</div>');
            document.write('<div class="' + estiloDia + '">' + cero + '</div>');
            document.write('<div class="' + estiloDia + '">' + cero + '</div>');
            document.write('<div class="' + estiloDia + '">' + cero + '</div>');
            break;
    }
}
```

Se plantea un problema ya que la semana comienza el domingo y ocupa la posición 0, que corresponde en la representación gráfica al último día de la semana anterior, para realizar este control se realiza por medio de la variable diaSemana, que cuando posición en f.getDay() = 0 , se establece que el domingo se dibuje como el último día de la semana, además esta variable controla la colocación de los 7 días de la semana que se reinicializa a 1 cuando se llega al domingo, pasando el siguiente día del mes a formar parte de la siguiente semana.

```
f.setDate(1);
numeroPos=f.getDay();
if (numeroPos==0){
    diaSemana=7;
} else {
    diaSemana=numeroPos;
}
```

Se realiza el control de las semanas.

```
if(diaSemana>7){
        document.write('<br> <br>');
        diaSemana=1;
}
```

OPTIMIZACIÓN DEL CÓDIGO

Se puede eliminar todo el código, que se encuentra en la sentencia switch y se puede resumir por una función que realice lo mismo utilizando una única llamada

```
visualizaEstilo(numeroPos== 0 ?  numeroPos=6: numeroPos--);
```

Se pasa un parámetro que corresponde al número de veces que se debe realizar la visualización de la línea de código:

```
document.write('<div class="' + estiloDia + '">' + cero + '</div>');
```

El número de valores a representar es número menos uno, si el día de la semana es cero, corresponde a dejar 6 casillas en blanco, ya que el día es el domingo y lo representamos con él último día de la semana, en la última columna, y según el calendario utilizado, el domingo corresponde al primer día de la semana y nos devuelve cero, luego hay que hacer un cambio, del primer día de la semana .

```
function visualizaEstilo(numRepite){
    for (j=numRepite;j>1;j--){
        document.write('<div class="' + estiloDia + '">' + cero + '</div>');
    };
    return;
}
```

CODIGO RESULTANTE:

```
<style type="text/css">
.mifecha2 {
    border: 1px solid #ddd;
    padding: 3px;
    text-align: center;
    font-family:verdana, arial;
    font-size: 10pt;
    overflow: hidden;
    width: 100%
}
.mifecha2 .mesano{
    float: left;
    padding: 3px;
    font-weight: bold;
}
.mifecha2 .dia, .mifecha2 .diaactual{
    width: 20px;
    padding: 3px;
    margin-left: 3px;
    background-color: #ddd;
    float: left;
}
.mifecha2 .diaactual{
    background-color: #999;
    font-weight: bold;
}
</style>

<script>
    var flag=true;
    function visualizaEstilo(numRepite){
        for (j=numRepite;j>1;j--){
            document.write('<div class="' + estiloDia + '">' + cero + '</div>');
```

```
            };
            return;
    }

    var f=new Date();
    var ano = f.getFullYear();// El número del año
    var mes = f.getMonth();    // el número del mes
    var dia = f.getDate();     // número del día del mes
    var estiloDia;
    var meses = new Array ("Enero","Febrero","Marzo","Abril","Mayo","Junio",
    "Julio","Agosto","Septiembre","Octubre","Noviembre","Diciembre");
    var diasSemana = new Array("Domingo","Lunes","Martes","Miércoles","Jueves",
    "Viernes","Sábado");
    var diasMes = new Array(31, 28, 31, 30, 31, 30, 31, 31, 30, 31, 30, 31);
    f.setMonth(parseInt(prompt("Dame el mes 1 y 12"))-1);
    var mes = f.getMonth();
    var diaMaximo = diasMes[mes];
    // Se comprueba si es bisiesto
    if (mes == 1 && (((ano % 4 == 0) && (ano % 100 != 0)) || (ano % 400 == 0))){
        diaMaximo = 29;
    }
    document.write('<div class="mifecha2">');
    document.write('<div class="mesano">' + meses[mes] + ' ' + ano + ':</div> <br>');

    var diaSemana=f.getDay();

    document.write('<br>');
    f.setDate(1);
    numeroPos=f.getDay();
    if (numeroPos==0){
        diaSemana=7;
    } else {
        diaSemana=numeroPos;
    }
    cero=" ";
    for (i=1; i<=diaMaximo; i++){
        if (i==1) {
            cero=" X ";
            estiloDia = "dia";
            visualizaEstilo(numeroPos== 0 ?  numeroPos=6: numeroPos--);
        }
        if(diaSemana>7){
            document.write('<br> <br>');
            diaSemana=1;
        }
        if (i == dia) {
            estiloDia = "diaactual";   // estilo de visualización dia actual
        } else {
            estiloDia = "dia";         // Estilo del resto de los días
        }
        cero="   ";
        document.write('<div class="' + estiloDia + '">' + i + '</div>');
        diaSemana++;
    }
</script>
```

Resultado:

Mayo 2018:

X	1	2	3	4	5	6
7	8	9	10	11	12	13
14	15	16	17	18	19	20
21	22	23	24	25	26	27
28	29	30	31			

Noviembre 2018:

X	X	X	1	2	3	4
5	6	7	8	9	10	11
12	13	14	15	16	17	18
19	20	21	22	23	24	25
26	27	28	29	30		

ACTIVIDADES DE REPASO

1. Establecer la diferencia entre las variables definidas con var, let, const, {}.
2. Por qué puede empezar una variable en JavaScript.
3. Diferencia entre una variable local, global o de bloque.
4. Qué es hoisting.
5. ¿Cuáles son los seis datos primitivos más otros?
6. Porqué se caracteriza la conversión de tipos de datos, de forma implícita y explicita con métodos.
7. Realiza un esquema de clasificación de los tipos de datos de JavaScript.
8. Cuando el texto no entra en una línea como continuo en la siguiente línea.
9. Como escribo los comentarios en JavaScript.
10. Cuáles son los operadores lógicos.
11. Indicar los operadores Relacionales.
12. Indicar los operadores de Asignación Operacional.
13. Enumera los operadores extra.
14. Por qué se caracterizan los operadores bit a bit.
15. Cuál son los operadores con objeto y que significado tienen.
16. Cuál son los operadores misceláneos.
17. Enumerar los tipos de bucles de JavaScript.
18. Tipos de condiciones en JavaScript.

UNIDAD DE TRABAJO 4

Ejercicio 1: Multiplicación de dos matrices.
Ejercicio 2. Algoritmo de la Burbuja.
Ejercicio 3. Leer una cadena con el método prompt().
Ejercicio 4. Cadena es un Palíndromo.
Ejercicio 5: Analizar una frase y los diferentes tipos de caracteres.
Ejercicio 6. Calcular la letra del NIF.
Ejercicio 7. Crear una función que determine si el valor introducido es numérico o cadena.
Ejercicio 8. Manejar un identificador con getElementById asociado a style.color
Ejercicio 9: Pasar campos nombre y apellidos a mayúsculas.
Ejercicio 10. Identificar si un número es par o impar.
Ejercicio 11. Calcular DC del CCC de la Cuenta Bancaria.
Ejercicio 12: Calcular el IBAN, de las cuentas bancarias.
Ejercicio 13: Función que intercambia dos valores en una función.
Ejercicio 14. Número Positivo, Negativo o nulo.
Ejercicio 15. Factorial de un número.
Ejercicio 16. Identificar el mes y día.
Ejercicio 17. Función que recibe una fecha y valida.
Ejercicio 18. Crear una función como Reloj Digital.
Ejercicio 19: Definir prototipos TCP/IP.
Ejercicio 20: Definir prototipo comando MODE.
Ejercicio 21. Estructura try{} y cath{}.
Ejercicio 22. Gestionar puntos de rotura, breakpoint.
Ejercicio 23. Ejecución del operador in.
Ejercicio 24. Crear un prototipo.
Ejercicio 25: Crear un prototipo a partir de los datos de un alumno.
Ejercicio 26: Dados 3 números enteros mostrar el mayor, menor.
Ejercicio 27: Calcular el NIE.
Ejercicio 28: Hallar el mínimo común múltiplo de dos números mcm(a,b) con arrays.
Ejercicio 29: Hallar el m.c.m.(a,b), a partir m.c.d.(a,b).
Ejercicio 30. Calcular los cinco número de la primitiva.
Ejercicio 31. Calcular los cinco número de la primitiva y de la Euromillon.

```
try{
    a=document.getElementById("leedatos").value;
    document.write(a);
}
cath{
    alert("Error: En la ejecución del código");
}
```

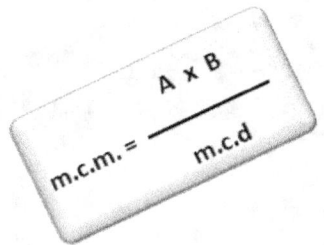

$$m.c.m. = \frac{A \times B}{m.c.d}$$

$$A_{m \times n} \times B_{n \times p} = C_{m \times p}$$

Ejercicio 1: Multiplicación de dos matrices.

Calcular la multiplicación de dos matrices bidimensionales: 3 filas y 3 columnas.

Dos matrices A y B se dicen multiplicables si el número de columnas de A coincide con el número de filas de B.

$$A_{m \times n} \times B_{n \times p} = C_{m \times p}$$

El elemento C_{ij}, de la matriz producto se obtiene multiplicando cada elemento de la fila i de la matriz A por cada elemento de la columna j de la matriz B y sumándolos.

$$C_{[1][1]} = A_{[1][1]}*B_{[1][1]} + A_{[1][2]}*B_{[2][1]} + A_{[1][3]}*B_{[3][1]}$$
$$C_{[1][2]} = A_{[1][1]}*B_{[1][2]} + A_{[1][2]}*B_{[2][2]} + A_{[1][3]}*B_{[3][2]}$$
$$C_{[1][3]} = A_{[1][1]}*B_{[1][3]} + A_{[1][2]}*B_{[2][3]} + A_{[1][3]}*B_{[3][3]}$$

$$A.B = \begin{vmatrix} 2 & 0 & 1 \\ 3 & 0 & 0 \\ 5 & 1 & 1 \end{vmatrix} \cdot \begin{vmatrix} 1 & 0 & 1 \\ 1 & 2 & 1 \\ 1 & 1 & 0 \end{vmatrix} = \begin{vmatrix} 2.1+0.1+1.1 & 2.0+0.2+1.1 & 2.1+0.1+1.0 \\ 3.1+0.1+0.1 & 3.0+0.2+0.1 & 3.1+0.1+0.0 \\ 5.1+1.1+1.1 & 5.0+1.2+1.1 & 5.1+1.1+1.0 \end{vmatrix} = \begin{vmatrix} 3 & 1 & 2 \\ 3 & 0 & 3 \\ 7 & 3 & 6 \end{vmatrix}$$

PASO 1: Definir previamente los valores de la matriz y visualizar su contenido.

```
//Declaración de las matrices
var mat1=new Array([2,0,1],[3,0,0],[5,1,1]);
var mat2=new Array([1,0,1],[1,2,1],[1,1,0]);
document.write("Matriz 1 <br>");
//Mostramos la primera matriz
for(var valor of mat1){
        document.write(valor+"<br>");
}
document.write("Matriz 2 <br>");
//Mostramos la segunda matriz
for(var valor of mat2){
        document.write(valor+"<br>");
}
```

PASO 2: Realizar la multiplicación de dos matrices bidimensionales.

Para realizar la multiplicación de dos matrices bidimensionales, debemos saber que la matriz A debe tener el mismo número de columnas que filas tenga la matriz B.

Se procede a asignar valores de inicialización desde un bucle a las dos matrices A[3][3] y B[3][3], y a realizar la multiplicación, por medio de tres bucles. Los bucles i, j controlan los índices C[i][j] de la matriz resultante. El bucle k controla el número de elementos que multiplicamos en filas y columnas, en función de su longitud.

```
var acumulador = 0;
var a = [
        [2,0,1],
        [3,0,0],
        [5,1,1]
];
var b = [
        [1,0,1],
        [1,2,1],
        [1,1,0]
];
var c = [[],[],[]];

for ( i = 0 ; i < a.length ; i++) {
        for ( j = 0 ; j < a.length ; j++) {
                for ( k = 0 ; k < a[i].length ; k++) {
                        acumulador += a[i][k] * b[k][j];
                }
                c[i][j] = acumulador;
```

```
                                    contador = 0;
                            }
                    }
                    for ( i = 0 ; i < c.length ; i++) {
                            for ( j = 0 ; j < c.length ; j++) {
                                    document.write(c[i][j]+" ");
                            }
                            document.write("<br />");
                    }
```

RESULTADO:

3 1 2

3 0 3

7 3 6

PASO 3: Leer los valores de los dos Arrays por teclado.

```
//Declaración de las matrices
const DIMENSION = 3;
var matrizA = new Array(DIMENSION);
for(let i = 0; i<DIMENSION; i++){
      matrizA[i] = new Array(DIMENSION);
}
var matrizB = new Array(DIMENSION);
for(let i = 0; i<DIMENSION; i++){
      matrizB[i] = new Array(DIMENSION);
}
//Rellenar las matrices
alert("matriz A");
for(let i = 0; i< DIMENSION; i++){
      for(let j = 0; j< DIMENSION; j++) {
matrizA[i][j] = prompt("Introduzca el valor de la posicion " + i + " " + j);
      }
}
alert("matriz B");
for(let i = 0; i< DIMENSION; i++){
      for(let j = 0; j< DIMENSION; j++) {
matrizB[i][j] = prompt("Introduzca el valor de la posicion " + i + " " + j);
      }
}
for(let i = 0; i< DIMENSION; i++){
      for(let j = 0; j< DIMENSION; j++) {
            document.write(matrizA[i][j] + " ");
      }
      document.write("<br />");
}
for(let i = 0; i< DIMENSION; i++){
      for(let j = 0; j< DIMENSION; j++) {
            document.write(matrizB[i][j] + " ");
      }
      document.write("<br />");
}
var resultado = new Array(DIMENSION);
for(let i = 0; i<DIMENSION; i++){
      resultado[i] = new Array(DIMENSION);
}
for(let i = 0; i< DIMENSION; i++){
      for(let j = 0; j< DIMENSION; j++) {
            resultado[i][j]= 0;
            for(let k = 0; k< DIMENSION; k++){
               resultado[i][j] = resultado[i][j] + (matrizA[i][k] * matrizB[k][j]);
            }
      }
}
document.write("Resultado: <br />");
for(let i = 0; i< DIMENSION; i++){
      for(let j = 0; j< DIMENSION; j++) {
            document.write(resultado[i][j] + " ");
      }
      document.write("<br />");
}
```

        1 2 3

        1 2 3

        1 2 3

        3 2 1

        3 2 1

        3 2 1

        Resultado:

        18 12 6

        18 12 6

        18 12 6

Ejercicio 2. Algoritmo de la Burbuja.

Crear una ordenación de un Array utilizando el algoritmo de la Burbuja.

a) La Ordenación de burbuja (Bubble Sort en inglés) es un sencillo algoritmo de ordenamiento. Funciona revisando cada elemento de la lista que va a ser ordenada con el siguiente, intercambiándolos de posición si están en el orden equivocado.

b) Es necesario revisar varias veces toda la lista hasta que no se necesiten más intercambios, lo cual significa que la lista está ordenada.

c) Este algoritmo obtiene su nombre de la forma con la que suben por la lista los elementos durante los intercambios, como si fueran pequeñas "burbujas".

d) También es conocido como el método del intercambio directo. Dado que solo usa comparaciones para operar elementos, se lo considera un algoritmo de comparación, siendo el más sencillo de implementar.

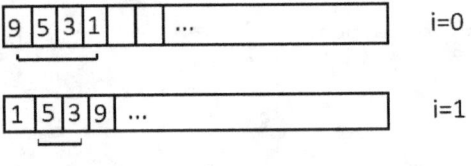

| 9 | 5 | 3 | 1 | | | ... | i=0

| 1 | 5 | 3 | 9 | ... | i=1

        ...

función deLaBurbuja $(a_0, a_1, a_2, ... , a_{(n-1)})$
Desde i=2 hasta n hacer
    Desde j=0 hasta n-1 hacer
        Si $a_{(j)} > a_{(j+1)}$ entonces
            aux = $a_{(j)}$
            $a_{(j)} = a_{(j+1)}$
            $a_{(j+1)}$ = aux
        fin si
    fin desde
fin desde
fin función

```
var a = [323,42,32,1234234,23,44,7,25,54];
var aux = 0;

for (i = 1 ; i < a.length; i++) {
     for (j = 0 ; j < a.length - i; j++) {
          if (a[j] > a[j+1]) {
               aux = a[j];
               a[j] = a[j+1];
               a[j+1] = aux;
          }
     }
}
document.write(a)
```

SOLUCIÓN:

```
function ordenacionBurbuja(matriz) {
     var n = matriz.length;
     var aux = 0;
     for (let i = 2; i<= n; i++) {
          for (let j = 0; j<=(n-i); j++) {
               if  (matriz[j] > matriz[j+1]){
                    aux = matriz[j];
                    matriz[j] = matriz[j+1];
                    matriz[j+1] = aux;
```

Matriz Original a Ordenar:
9 8 6 7 7 2 3 4 5
Matriz Resultante Ordenada
2 3 4 5 6 8 9 7 7

```
                }
            }
        }
}

var tamMatriz = parseInt(prompt("Introducir el tamaño del array a ordenar"));
var matriz = new Array(tamMatriz);
for (let i=0; i<tamMatriz;i++){
    matriz[i] = parseInt(prompt("Elemento[" + i + "]:"));
}
document.write("<h1>Matriz Original a Ordenar:</h1> <br />  <h2>");
for (let i=0; i<tamMatriz;i++){
    document.write(matriz[i] + " ");
}
ordenacionBurbuja(matriz);
document.write("<br /> </h2> <h1> Matriz Resultante Ordenada </h1> <h2> <br />");
for (let i=0; i<tamMatriz;i++){
    document.write(matriz[i] + " ");
}
document.write("</h2>")
```

Ejercicio 3. Leer una cadena con el método prompt()

Leer una cadena de texto mediante el método prompt() y generar un array con las palabras que contiene. Posteriormente, mostrar la siguiente información:

- Número de palabras.
- Primera palabra y última palabra.
- Las palabras colocadas en orden inverso.
- Las palabras ordenadas de la **a** la **z**.
- Las palabras ordenadas de la **z** la **a**.

```
<script>
    var cadena = prompt("Introduce una cadena: ");
    var a = cadena.split(" ");
    document.write(a + "<br />");
    //1
    document.write(a.length + "<br />");
    //2
    document.write(a[0] + "<br />");
    document.write(a[a.length-1] + "<br />");
    //3
    a.reverse();
    document.write(a + "<br />");
    //4
    a.sort();
    document.write(a + "<br />");
    //5
</script>
```

> El método **reverse()** invierte el orden de los elementos de un array.
> El método **split()** divide un objeto de tipo String en un array (vector) de cadenas mediante la separación de la cadena en subcadenas.
> El método **sort()** ordena los elementos de un array localmente y devuelve el array.

RESULTADO:

Esta página dice

Introduce una cadena:

Buenos días que tal estás hoy, Bill Gate. Hola, hoy

Aceptar   Cancelar

Buenos,días,que,tal,estás,hoy,,Bill,Gate.,Hola,,hoy
10
Buenos
hoy
hoy,Hola,,Gate.,Bill,hoy,,estás,tal,que,días,Buenos
Bill,Buenos,Gate.,Hola,,días,estás,hoy,hoy,,que,tal

Ejercicio 4. Comprobar si una cadena es un Palíndromo.

Definir una función que determine si la cadena de texto que se le pasa como parámetro es un palíndromo, es decir, si se lee de la misma forma desde la izquierda y desde la derecha. Ejemplo de palíndromo complejo: "La ruta nos aportó otro paso natural".

a) Convertir la cadena leída a Mayúsculas/minúsculas.
b) Depositar la cadena leída en un array letra a letra, sin espacios (if).
c) Duplicar el array a otro array de forma inversa.
d) Recorrer el segundo array para comprobar que es igual al primero.

```
function palindromo(text) {
    for (j = 0; j <= text.split(" ").length ; j++){
        text = text.replace(" ","");
    }
    arraySinEspacios = text.split("");
    arrayReverse = text.split("").reverse();

    var igual = true;
        for (i = 0; i < arraySinEspacios.length ; i++) {
            if ( arrayReverse[i] != arraySinEspacios[i] ){
                igual = false;
            }
        }
        if(igual){
            resultado = "La cadena "+"-"+text+"- es un palindromo.";
        }else {
            resultado = "La cadena "+"-"+text+"- no es un palindromo.";
        }
    return resultado;
}
var cadena = prompt ("Introduce una cadena: ");
document.write(palindromo(cadena));
```

RESULTADO:

Esta página dice

Introduce una cadena:

ana es se ana

Aceptar   Cancelar

La cadena -anaesseana- es un palindromo.

Ejercicio 5: Analizar una frase y los diferentes tipos de caracteres que contiene.

Dada una frase:

"Yo creo que la gente, cuando es inteligente y completamente normal, no debe pretender el ser rara y extraña, porque llega al absurdo inventado."

Pío Baroja

a) Contar el número de palabras que contiene una frase.
b) Contar el número de caracteres totales.
c) Contar el número de vocales que contiene la frase, cuantas (a,e,i,o,u).
d) Contar si existen comas, puntos.
e) Caracteres en mayúsculas que comienzan frases.

SOLUCIÓN 1:

```
function numeroCaracteres(frase){
    frase.split(" ");
    document.write("La frase tiene "+frase.length+" caracteres en total");
}

function numeroPalabras(frase){
    var palabras = frase.split(" ");
    document.write("La frase tiene "+palabras.length+" palabras.");
}

function numeroVocales(frase){
    frase.split(" ");
    var contador = 0;
    var a = 0;
    var e = 0;
    var ii = 0;
    var o = 0;
    var u = 0;

    for (i = 0; i < frase.length ; i++) {
        if(frase[i] == "a"){
            contador++;
```

```
                              a++;
                      }
                      if(frase[i] == "e"){
                              contador++;
                              e++;
                      }
                      if(frase[i] == "i"){
                              contador++;
                              ii++;
                      }
                      if(frase[i] == "o"){
                              contador++;
                              o++;
                      }
                      if(frase[i] == "u"){
                              contador++;
                              u++;
                      }
              }
      document.write("Total de vocales: "+contador);
      document.write("<ul>");
      document.write("<li>"+"Total de a: "+a+"</li>");
      document.write("<li>"+"Total de e: "+e+"</li>");
      document.write("<li>"+"Total de i: "+ii+"</li>");
      document.write("<li>"+"Total de o: "+o+"</li>");
      document.write("<li>"+"Total de u: "+u+"</li>");
      document.write("</ul>");
}

function numeroComasPuntos(frase){
      frase.split(" ");
      var contador = 0;
      var a = 0;
      var e = 0;

      for (i = 0; i < frase.length ; i++) {
            if(frase[i] == ","){
                  contador++;
                  a++;
            }
            if(frase[i] == "."){
                  contador++;
                  e++;
            }
      }
      document.write("Total de comas y puntos: "+contador+"<br />");
      document.write("Total de comas: "+a+"<br />");
      document.write("Total de puntos: "+e+"<br />");
}
var frase = "Yo creo que la gente, cuando es inteligente y completamente normal, no debe
pretender el ser rara y extraña, porque llega al absurdo inventado."
document.write(frase);
document.write("<br />");
document.write("<br />");
numeroCaracteres(frase);
document.write("<br />");
numeroPalabras(frase);
document.write("<br />");
document.write("<br />");
numeroVocales(frase);
document.write("<br />");
numeroComasPuntos(frase);
```

SOLUCIÓN 2:

```
var frase = prompt("Introduzca una frase");

var palabras = frase.split(" ");
var letras = frase.split("");

var numeroPalabras = palabras.length;
      var numeroLetras = letras.length;
      var numeroPuntos = 0;
      var numeroComas = 0;
```

```
        var numeroVocales = 0;
        var numeroMayusculas = 0;
        for(let i = 0; i<numeroLetras;i++){
                switch(letras[i]){
                        case 'A':
                        case 'a':
                        case 'E':
                        case 'e':
                        case 'I':
                        case 'i':
                        case 'O':
                        case 'o':
                        case 'U':
                        case 'u':
                            numeroVocales++;
                            break;
                        case ".":
                            numeroPuntos++;
                            break;
                        case ",":
                            numeroComas++;
                            break;
                }
        if(letras[i]==letras[i].toUpperCase()){
            numeroMayusculas++;
        }
        }

        document.write("Numero de palabras: " + numeroPalabras + "<br />");
        document.write("Numero de caracteres: " + numeroLetras + "<br />");
        document.write("Numero de vocales: " + numeroVocales + "<br />");
        document.write("Numero de puntos: " + numeroPuntos + "<br />");
        document.write("Numero de comas: " + numeroComas + "<br />");
```

```
Numero de palabras: 24
Numero de caracteres: 142
Numero de vocales: 50
Numero de puntos: 0
Numero de comas: 3
```

Ejercicio 6. Calcular la letra del NIF.

El cálculo de la letra del NIF es un proceso matemático sencillo que se basa en obtener el resto de la división entera del número de DNI y el número 23. A partir del resto de la división, se obtiene la letra seleccionándola según el siguiente orden:

T R W A G M Y F P D X B N J Z S Q V H L C K E

Por tanto si el resto de la división es 0, la letra del DNI es la T y si el resto es 3 la letra es la A. Elaborar un pequeño script que solicite en un campo de texto el DNI de un individuo y en otro la letra del mismo y compruebe si los datos son correctos o no.

```
var letras = ["T","R","W","A","G","M","Y","F","P","D","X","B","N","J","Z","S","Q",
"V","H","L","C","K","E"];
var dni = parseInt(prompt("Introduce tu dni: "));
document.write("Su letra es: "+ dni + letras[dni % 23]);
```

Ejercicio 7. Crear una función que determine si el valor introducido es numérico o cadena.

Realizar un programa que pida la introducción de un número, crear una función que determine si el valor introducido es numérico o cadena, si no es numérico mostrar un mensaje "Valor erróneo" y volver a solicitar valor. Si el valor es numérico crear una función *NumeroPrimo(num)*, averigüe si ese número es primo, indicándolo con mensajes que se produzcan en el cuerpo de la función principal, el resultado, de la cadena de salida.

SOLUCIÓN 1:

```
// Ejercicio 7
function numeroCadena() {
        var n1 = prompt("Introduce un numero: ");
        while(n1 == ""){
                alert("Valor incorrecto");
                var n1 = prompt("Introduce un numero: ");
        }
function numPrimo(n1){
                for(i=2; i < n1;i++){
                        if (n1 % i == 0){
                                alert("No es un numero primo.");
```

```
                        break;
                }else{
                        alert("Es un numero primo.");
                        break;
                }
        }
    }
    numPrimo(n1);
}
numeroCadena();
```

SOLUCIÓN 2:

```
function NumeroPrimo(num){
        var primo = true;
        for (let i=2;i<=num/2 && primo;i++){
                if(num % i == 0){
                        primo = false;
                }
        }
        if (primo){
                document.write("Es primo");
        }else {
                document.write("No es primo");
        }
}
var numero;
do{
        numero = prompt("Introduzca un número");
} while (isNaN(parseInt(numero)));
// NumeroPrimo(numero)      se sustituye por una lectura directa desde teclado en una ventana
NumeroPrimo(prompt("Dame un número"));
```

> **isNan()** Evalúa un argumento para determinar si es un número

Ejercicio 8. Manejar un identificador con getElementById asociado a style.color

Escribe un script que contenga un párrafo y cinco botones. Cada uno de los botones de los colores deben de tener como etiqueta el nombre de un color y al pulsarlo pondrá el color del párrafo del mismo color que indica.

```html
<script>
        function rojo(){
                document.getElementById("rojo").style.color="red";
        }
        function azul(){
                document.getElementById("azul").style.color="blue";
        }
        function amarillo(){
                document.getElementById("amarillo").style.color="yellow";
        }
        function verde(){
                document.getElementById("verde").style.color="green";
        }
        function morado(){
                document.getElementById("morado").style.color="purple";
        }
        function reset(){
                document.getElementById("rojo").style.color="black";
                document.getElementById("azul").style.color="black";
                document.getElementById("amarillo").style.color="black";
                document.getElementById("verde").style.color="black";
                document.getElementById("morado").style.color="black";
        }
</script>
<button onclick="rojo()">Rojo</button>
<button onclick="azul()">Azul</button>
<button onclick="amarillo()">Amarillo</button>
<button onclick="verde()">Verde</button>
<button onclick="morado()">Morado</button>
<button onclick="reset()">Reiniciar</button>
<h3>
<div id="rojo"> Cadena en Color</div>
<div id="azul"> Cadena en Color</div>
<div id="amarillo"> Cadena en Color</div>
<div id="verde"> Cadena en Color</div>
<div id="morado"> Cadena en Color</div>
</h3>
```

> **document.getElementById("ID")**
> Devuelve una referencia al elemento por su ID.
> **.getElementById("ID").style.color="black"**
> Devuelve un objeto que representa el atributo style del elemento.

Ejercicio 9: Pasar los campos nombre y apellidos a mayúsculas .

Utilizar métodos sobre el valor de un campo que permita cambiar el valor del campo a mayúsculas o minúsculas.

SOLUCIÓN 1:

```html
<!DOCTYPE html>
<html lang="es">
<head>
    <meta charset="UTF-8">
    <title>Ejercicio 9</title>
     <script>
        // Ejercicio 9 pasar campos nombre y apellidos a mayúsculas
            function convertirAMayus(name){
                    var x = document.getElementById(name).value.toUpperCase();
                    document.getElementById(name).value = x;
            }
            function convertirAMinus(name){
                    var x = document.getElementById(name).value.toLowerCase();
                    document.getElementById(name).value = x;
            }
     </script>
</head>
<body>
    <form>
            <label> Nombre </label>
            <input type="text" id="nombre" name="nombre" />
              <input type="button" name="MAYUS" value="MAYUS"
              onClick="convertirAMayus('nombre')" /><input type="button" name="minus"
              value="minus" onClick="convertirAMinus('nombre')" />
            <br />
            <br />
            <label> Apellidos </label>
            <input type="text" id="apellidos" name="apellidos" />
              <input type="button" name="MAYUS" value="MAYUS"
              onClick="convertirAMayus('apellidos')" />
              <input type="button" name="minus" value="minus"
              onClick="convertirAMinus('apellidos')" />
    </form>
</body>
</html>
```

RESULTADO:

| Nombre | SÁNCHEZ PÉREZ | MAYUS | minus | | Nombre | sánchez pérez | MAYUS | minus |
| Apellidos | baldomero | MAYUS | minus | | Apellidos | BALDOMERO | MAYUS | minus |

SOLUCIÓN 2:

```html
<form>
      <label for="nombre">Nombre</label><br>
      <input type="text" onfocus="seleccionado();" name="nombre" id="nombre" /><br>
      <label for="apellido">Apellido</label><br>
      <input type="text" onfocus="seleccionado();" name="apellido" id="apellido" /><br><br>
      <input type="button" name="Minusculas"  onclick="minusculas();"  id="Minusculas"
      value="Minusculas" />
      <input type="button" name="Mayusculas" onclick="mayusculas();" id="Mayusculas"
      value="Mayusculas" />
</form>

<script>
      var activo;

      function seleccionado(){
              activo = document.activeElement;
      }

      function mayusculas(){
              var valor = activo.value;
              activo.value = valor.toUpperCase();
      }

      function minusculas(){
```

```
            var valor = activo.value;
            activo.value = valor.toLowerCase();
    }
</script>
```

<u>RESULTADO:</u>

Nombre	Nombre	Nombre	Nombre
	Baldomero	Baldomero	Baldomero
Apellido	Apellido	Apellido	Apellido
	Sánhez	SANCHEZ	sánchez
Minusculas Mayusculas	Minusculas Mayusculas	Minusculas Mayusculas	Minusculas Mayusculas

Ejercicio 10. Identificar si un número es par o impar.

Escribir el código de una función a la que se pasa como parámetro un número entero y devuelve como resultado una cadena de texto que indica si el número es par o impar. Mostrar por pantalla el resultado devuelto por la función. Si se pasa cualquier otro tipo de dato debe saltar a la función *ErrorTipoDatos()* y mostrar el mensaje de error al introducir el tipo de datos.

```
function parImpar(n1) {
        if (n1 % 2 === 0) {
                document.write("El numero introducido es par.");
        }else{
                document.write("El numero introducido es impar.");
        }
}

var numero = parseInt(prompt("Introduce un numero: "));
document.write(parImpar(numero));
```

Ejercicio 11. Calcular el DC del CCC de una Cuenta Bancaria.

Calcular el D.C. del CCC de una cuenta Bancaria y expresarlo una vez calculado.

Cuenta Bancaria CCC

denominación Anterior (DC)

1234 1234   XY   1234567890

ENTIDAD   OFICINA   DC   NÚMERO DE CUENTA

a) La forma de calcular el dígito de control es esta expresado de la cifra más significativa a la menos significativa (comienza en el 1:
- La primera cifra del Entidad se multiplica por 4.
- La segunda cifra del Entidad se multiplica por 8.
- La tercera cifra del Entidad se multiplica por 5.
- La cuarta cifra del Entidad se multiplica por 10.
- La primera cifra de la Oficina se multiplica por 9.
- La segunda cifra de la Oficina se multiplica por 7.
- La tercera cifra de la Oficina se multiplica por 3.
- La cuarta cifra de la Oficina se multiplica por 6.

Se suman todos los resultados obtenidos

Se divide entre 11 y nos quedamos con el resto de la división. A 11 le quitamos el resto anterior, y ese es el primer dígito de control, con la salvedad de que si nos da 10, el dígito es 1

b) Para obtener el segundo dígito de control de la cifra más significativa a la menos significativa (comienza en el 1 termina en el dígito 0).
- La primera cifra del número de cuenta se multiplica por 1.
- La segunda cifra del número de cuenta se multiplica por 2.
- La tercera cifra del número de cuenta se multiplica por 4.
- La cuarta cifra del número de cuenta se multiplica por 8.

- La quinta cifra del número de cuenta se multiplica por 5.
- La sexta cifra del número de cuenta se multiplica por 10.
- La séptima cifra del número de cuenta se multiplica por 9.
- La octava cifra del número de cuenta se multiplica por 7.
- La novena cifra del número de cuenta se multiplica por 3.
- La décima cifra del número de cuenta se multiplica por 6.

Se suman todos los resultados obtenidos. Se divide entre 11 y nos quedamos con el resto de la división. A 11 le quitamos el resto anterior, y ese es el segundo dígito de control, con la salvedad de que si nos da 10, el dígito es 1.

```
<!DOCTYPE html>
<html lang="es">
<head>
  <meta charset="UTF-8">
  <title>Ejercicio9</title>
</head>
<body>
    <p>
        Entidad<input type="text" name="Entidad" maxlength="4" id="Entidad" />
        Oficina<input type="text" name="Oficina" maxlength="4" id="Oficina" />
        DC<input type="text" name="DC"  maxlength="2" id="DC"/>
        Cuenta<input type="text" name="Cuenta" maxlength="10"  id="Cuenta"/><br />
    </p>

    <input type="button" onClick="Calcular();" value="Calcular" />

    <p id="prueba"></p>
    <script>
    function Calcular(){
        var Control1 = 0;
        var Control2 = 0;
        var dc;
        var entidad= document.getElementById("Entidad").value.split("");
        var oficina = document.getElementById("Oficina").value.split("");
        var cuenta = document.getElementById("Cuenta").value.split("");

        var arrayEntidad = [4,8,5,10];
        var arrayOficina = [9,7,3,6];
        var arrayCuenta = [1,2,4,8,5,10,9,7,3,6]

        for(let i= 0;i< arrayEntidad.length;i++){
            digitoControl1 += parseInt(entidad[i]) * parseInt(arrayEntidad[i]);
        }
        for(let i= 0;i< arrayOficina.length;i++){
            digitoControl1 += parseInt(oficina[i]) * parseInt(arrayOficina[i]);
        }
        digitoControl1 %= 11;
        digitoControl1 = 11 -digitoControl1;
        if(digitoControl1 == 10){
            digitoControl1 = 1;
        }
        for(let i= 0;i< arrayCuenta.length;i++){
            digitoControl2 += parseInt(cuenta[i]) * parseInt(arrayCuenta[i]);
        }
        console.log(digitoControl2);
        digitoControl2 %= 11;
        digitoControl2 = 11 -digitoControl2;
        if(digitoControl2 == 10){
            digitoControl2 = 1;
        }
        console.log(digitoControl2);
        dc = digitoControl1*10 + digitoControl2;
        document.getElementById("DC").value = dc;
    }
    </script>

</body>
</html>
```

Ejercicio 12: Calcular el IBAN, de las cuentas bancarias.

Para el cálculo de los dígitos de control del IBAN se hace uso de un algoritmo matemático que vamos a detallar a continuación. Para comenzar, una vez que conocemos las siglas del país en cuestión, ES en el caso de España, creamos un código previo usando las siglas ES precedidas de los números 00 y le adjuntamos el CCC que veníamos utilizando hasta ahora (ES001111222233444444444444).

a) HAY que trasladar las cuatro primeras posiciones al final del código (1111222233444444444444ES00).

b) Sustituir las letras por sus valores numéricos. TABLA DE CONVERSIÓN DE LAS LETRAS IDENTIFICATIVAS DE CADA PAIS

IBAN

DENOMINADO ANTES CCC

XX XX XXXX XXXX XX XXXXXXXXXX

| código del pais | Dígito Control | ENTIDAD | OFICINA | DC | NÚMERO DE CUENTA |

TABLA DE CONVERSIÓN DE LAS LETRAS IDENTIFICATIVAS DE CADA PAIS

A=10	G=16	M=22	S=28	Y=34
B=11	H=17	N=23	T=29	Z=35
C=12	I=18	O=24	U=30	
D=13	J=19	P=25	V=31	
E=14	K=20	Q=26	W=32	
F=15	L=21	R=27	X=33	

c) Según la tabla anterior, para España la E se debe de cambiar por el número 14 y la S por el número 28. (1111222233444444444444142800).

- Ahora se pasaría a aplicar el modelo concreto Módulo 97-10. Para calcular dicho módulo 97 habría que operar cogiendo el número creado hasta el momento y dividiéndolo entre 97.
- El resto de dicha operación debemos de anotarlo para proceder a hacer la diferencia entre 98 y ese resto. Suponiendo que el resto de tal división ha sido 95, procedemos haciendo la diferencia entre 98 y 95, resultando de tal operación 3.
- Como dicho resultado ha ido un número de un dígito, anteponemos al mismo la cifra 0, ya que los códigos de control del IBAN son dos. De esta forma, el IBAN quedaría: ES03 1111 2222 3344 44444444

d) Si quisiéramos verificar que dichos dígitos de control son correctos podríamos proceder de la siguiente forma:

- Tomamos el CCC original y le añadimos al final los números correspondientes a las letras de las siglas del país en cuestión, España en este caso E=14 y S=28, más los dígitos de control calculados (1111222233444444444444142803).
- A continuación pasamos a dividir dichos dígitos del IBAN creado entre 97 debiendo de ser el resto de tal operación el número 1. Si esto se cumple, entonces el IBAN calculado es correcto.

```html
<body>
    <p>
        <label for="CodigoPais">Codigo Pais</label>
        <label for="DigitoControl">Digito Control</label>
        <label for="Entidad">Entidad</label>
        <label for="Oficina">Oficina</label>
        <label for="DC">DC</label>
        <label for="Cuenta">N° de Cuenta</label>
    </p>
    <p>
        <input type="text" name="Codigo Pais" maxlength="2" size="2"
        id="CodigoPais" />
        <input type="text" name="Digito Control" maxlength="2" size="2"
        id="DigitoControl" />
        <input type="text" name="Entidad" maxlength="4" size="4" id="Entidad" />
        <input type="text" name="Oficina" maxlength="4" size="4" id="Oficina" />
        <input type="text" name="DC"  maxlength="2" size="2" id="DC"/>
        <input type="text" name="Cuenta" maxlength="10" size="10" id="Cuenta"/>
        <br />
    </p>
```

```html
            <input type="button" onClick="IBAN();" value="Calcular IBAN" />
    <script>
    function IBAN(){
            var entidad= document.getElementById("Entidad").value.split("");
            var oficina = document.getElementById("Oficina").value.split("");
            var dc = document.getElementById("DC").value.split("");
            var cuenta = document.getElementById("Cuenta").value.split("");
            var codigoPais = document.getElementById("CodigoPais").value.split("");
        var digitoControl = document.getElementById("DigitoControl").value.split("");

            console.log(entidad+" "+oficina+" "+dc +" "+cuenta+" "+codigoPais);

            var peso1 = PesoIBAN(codigoPais[0]);
            var peso2 = PesoIBAN(codigoPais[1]);
            var total = entidad.concat(oficina,dc,cuenta,peso1,peso2,"00");
            console.log(peso1+"   "+peso2);
            //      total.splice(20,2,parseInt(peso1/10),parseInt(peso1%
            10),parseInt(peso2/10),parseInt(peso2% 10));

            total.splice();
            console.log("total"+total);
            var parte1 = total.slice(0,13);
            var parte2 = total.slice(13);
            console.log (parte1+"     "+parte2);
            var resto1 = parseInt(parte1.join("")) % 97;
            console.log(resto1);
            parte2.unshift(parseInt(resto1/10),resto1%10);
            console.log(parte2);
            var numero = parseInt(parte2.join(""));
            console.log(numero);
            var modulo = numero % 97;
            console.log("Modulo : "+modulo);
            modulo = 98-modulo;
            console.log(modulo);
            document.getElementById("DigitoControl").value = modulo;
        }

        function PesoIBAN(letra) {
            var peso = "";
            letra = letra.toUpperCase();
            switch (letra) {
                case 'A': peso = "10"; break;
                case 'B': peso = "11"; break;
                case 'C': peso = "12"; break;
                case 'D': peso = "13"; break;
                case 'E': peso = "14"; break;
                case 'F': peso = "15"; break;
                case 'G': peso = "16"; break;
                case 'H': peso = "17"; break;
                case 'I': peso = "18"; break;
                case 'J': peso = "19"; break;
                case 'K': peso = "20"; break;
                case 'L': peso = "21"; break;
                case 'M': peso = "22"; break;
                case 'N': peso = "23"; break;
                case 'O': peso = "24"; break;
                case 'P': peso = "25"; break;
                case 'Q': peso = "26"; break;
                case 'R': peso = "27"; break;
                case 'S': peso = "28"; break;
                case 'T': peso = "29"; break;
                case 'U': peso = "30"; break;
                case 'V': peso = "31"; break;
                case 'W': peso = "32"; break;
                case 'X': peso = "33"; break;
                case 'Y': peso = "34"; break;
                case 'Z': peso = "35"; break;
            }
        return peso;
        }
    </script>

</body>
```

Ejercicio 13: Función que intercambia dos valores en una función.

Realizar un programa que, mediante una función denominada *intercambio(num1,num2)* se intercambian los valores de dos variables enteras que se rellenaron en la función principal.

SOLUCIÓN 1:

```
function intercambio(num1, num2){
        var aux = 0;
        aux = num2;
        num2 = num1;
        num1 = aux;
        document.write("Después de intercambiar"+"<br />");
        document.write("Numero1: "+num1+"<br />");
        document.write("Numero2: "+num2+"<br />");
}
var numero1 = parseInt(prompt("Introduce un numero"));
var numero2 = parseInt(prompt("Introduce un numero"));
document.write("Numero1: "+numero1+"<br />");
document.write("Numero2: "+numero2+"<br />");
intercambio(numero1,numero2);
```

> Valor n1:2
> Valor n2:3
> **Después de intercambiar**
> Valor n1:3
> Valor n2:2

SOLUCIÓN 2:

```
var arrayNumeros = new Array();
function intercambio (){
        var aux=0;
        aux=arrayNumeros[0]
        arrayNumeros[0]=arrayNumeros[1];
        arrayNumeros[1]=aux;
}
arrayNumeros[0]=prompt("Introduzca n1");
arrayNumeros[1]=prompt("Introduzca n2");
document.write("Valor n1:" + arrayNumeros[0] + "<br />");
document.write("Valor n2:" + arrayNumeros[1] + "<br />");
intercambio(arrayNumeros[0],arrayNumeros[1]);
document.write("Despues de intercambiar<br />");
document.write("Valor n1:" + arrayNumeros[0] + "<br />");
document.write("Valor n2:" + arrayNumeros[1] + "<br />");
```

Ejercicio 14. Comprobar si un Número es Positivo, Negativo o nulo.

Realizar un programa que, pidiendo la introducción de un número, averigüe mediante una función, si dicho número que se le pase es positivo, negativo o nulo. Para ello, deberá escribir en pantalla, en caso positivo, el mensaje "El número es positivo". En el caso de ser negativo escribirá "El número es negativo". Si resulta ser nulo escribirá "El número es nulo".

SOLUCIÓN 1:

```
function positivoNegativo(n1) {
        if(n1 > 0){
                document.write("El número es positivo.");
        }
        if(n1 < 0){
                document.write("El número es negativo.");
        }
        if(n1 == 0){
                document.write("El número es nulo.");
        }
}
var numero = parseInt(prompt("Introduce un numero: "));
positivoNegativo(numero);
```

SOLUCIÓN 2:

```
function tipoNumero(num){
    if(!isNaN(numero)){
            if(num > 0){
                document.write("Es un numero positivo");
            } else if(num < 0){
                document.write("Es un numero negativo");
            } else {
                document.write("Es nulo");
            }
    } else {
            document.write("No es un numero");
```

> Tecleamos el número: -23
> Es un numero negativo
> Tecleamos el número: 5
> Es un numero positivo
> Tecleamos el número: A
> No es un numero
> Tecleamos el número: 0
> Es nulo

```
        }
    }
    var numero = prompt("Introduzca un numero");
    tipoNumero(numero);
```

Ejercicio 15. Calcular el Factorial de un número

Crear una función que sea recursiva que permita a partir de un número obtener el factorial como resultado recursivo.

a) Creando una función que utiliza un bucle para resolver el factorial de un número.
```
function factorial (numero) {
    var resul = 1;
    for (i=1; i<=numero; i++) {
        resul = resul * i;
    }
    return resul;
}
```

b) Cambiando el bucle, de forma decremental.
```
function factorial (numero) {
    var resul = 1;
    for (i=numero; i>=1; i--) {
        resul = resul * i;
    }
    return resul;
}
```

c) Crear una función de forma recursiva, para hallar el factorial de un número.
```
<script>
    function factorialRecursivo(numero){
    if (numero >=1){
            return  numero*factorialRecursivo(numero-1);
        }
        return 1;
    }
    document.write("resultado :"+factorialRecursivo(5));
    document.write("Factorial : <br>");
    document.write(factorialRecursivo(parseInt(prompt())));
</script>
```

> **Resultado Consola**
> resultado :120
> Factorial :
> 7.257415615307994e+306

Ejercicio 16. Identificar el mes y día.

Crear:

a) Un array llamado mesesDelAno y que almacene el nombre de los doce meses del año. Mostrar por pantalla los doce nombres utilizando la función *alert()*.

b) Crear un array llamado DiasSemana que almacene el nombre de los 7 días de la semana. Mostrar por pantalla los 7 días de la semana.

```
<script>
    var meses = ["Enero", "Febrero", "Marzo", "Abril", "Mayo", "Junio" ,"Julio"
    ,"Agosto", "Septiembre", "Octubre", "Noviembre", "Diciembre"];
    var dias = ["Lunes", "Martes","Miercoles","Jueves","Viernes","Sabado",   "Domingo"];
    for (i = 0 ; i < meses.length ; i++) {
        document.write(meses[i] + "<br />");
    }
    document.write("<hr />");
    for (j = 0 ; j < dias.length ; j++) {
        document.write(dias[j] + "<br />");
    }
</script>
```

Ejercicio 17. Función que recibe una fecha y la valida.

Confeccionar una función que reciba una fecha con el formato de día, mes y año *fechaMia(dia,mes,ano)* y retorne un string con un formato similar a: "Hoy es 10 de junio de 2013".

    fechaMia(10,6,2013)

SOLUCIÓN 1: Se toman los datos del sistema.

```
function fechaMia(){
        var fecha = new Date();
        var dia = fecha.getDay();
        var mes = fecha.getMonth()+1;
        var anyo = fecha.getFullYear();
        switch(mes){
                case 1:  mes = "Enero";       break;
                case 2:  mes = "Febrero";     break;
                case 3:  mes = "Marzo";       break;
                case 4:  mes = "Abril";       break;
                case 5:  mes = "Mayo";        break;
                case 6:  mes = "Junio";       break;
                case 7:  mes = "Julio";       break;
                case 8:  mes = "Agosto";      break;
                case 9:  mes = "Septiembre"; break;
                case 10: mes = "Octubre";     break;
                case 11: mes = "Noviembre";   break;
                case 12: mes = "Diciembre";   break;
        }
        document.write("Hoy es "+dia+" de "+mes+" de "+anyo);
}
fechaMia();
```

SOLUCIÓN 2: Lectura desde teclado del: día, mes y año.

```
function fechaMia(dia,mes,anyo){
        var mesAux;
        switch(mes){
                case 1:  mesAux = "Enero"; break;
                case 2:  mesAux = "Febrero";     break;
                case 3:  mesAux = "Marzo";break;
                case 4:  mesAux = "Abril";break;
                case 5:  mesAux = "Mayo"; break;
                case 6:  mesAux = "Junio";break;
                case 7:  mesAux = "Julio";break;
                case 8:  mesAux = "Agosto";      break;
                case 9:  mesAux = "Septiembre"; break;
                case 10: mesAux = "Octubre";          break;
                case 11: mesAux = "Noviembre";   break;
                case 12: mesAux = "Diciembre";   break;
        }
        document.write("Hoy es "+ dia + " de " + mesAux + " de " + anyo);
}
var dia = prompt("Introduzca dia");
var mes = prompt("Introduzca mes");
var anyo = prompt("Introduzca año");
fechaMia(dia,parseInt(mes),anyo);
```

RESULTADO:

Hoy es 11 de Junio de 2018

Ejercicio 18. Crear una función como Reloj Digital.

Crear una función RelojDigital(), que visualice en la ventana un reloj digital que se actualiza cada 200 milisegundos. Se tiene que visualizar Hora:Minutos:segundos

Se puede introducir en un formulario, en un campo <input type="text" >

SOLUCIÓN 1:

```
function relojDigital(){
        var horaActual = new Date();
        var hora = horaActual.getHours()
        var minuto = horaActual.getMinutes()
        var segundo = horaActual.getSeconds()
        var resultado = hora+":"+minuto+":"+segundo;
        document.form_reloj.reloj.value = resultado;
        setTimeout("relojDigital()",200);
}
```

SOLUCION 2:

El evento onload="reloj();" *en el body, invoca a la función* reloj(), *al ejecutar la carga de la etiqueta* <body>

```
<body onload="reloj();">
    <form>
            <label for="RelojDigital">Reloj</label><br />
            <input type="text" name="RelojDigital" id="RelojDigital"/>
    </form>

    <script>
      function reloj(){
            setInterval(function(){
                    actualizarHora();
            }, 200);
      }
      function actualizarHora(){
            var horas;
            var minutos;
            var segundos;
            var fecha = new Date();
            if(fecha.getHours() < 10){
                    horas = "0" + fecha.getHours().toString();
            } else {
                    horas = fecha.getHours().toString();
            }
            if(fecha.getMinutes() < 10){
                    minutos = "0" + fecha.getMinutes().toString();
            } else {
                    minutos = fecha.getMinutes().toString();
            }
            if(fecha.getSeconds() < 10){
                    segundos = "0" + fecha.getSeconds().toString();
            } else {
                    segundos = fecha.getSeconds().toString();
            }
            document.getElementById("RelojDigital").value = horas + ":" + minutos + ":" +
            segundos;
      }
</script>
</body>
```

Ejercicio 19: Definir un prototipo para las direcciones TCP/IP.

Definir prototipos de configuración de red- ConfiRed.

a) Propiedades de ConfiRed.

Sufijo DNS específico para la conexión. . :

```
Dirección IPv4. . . . . . . . . . . . . . . : 192.168.3.100
Máscara de subred . . . . . . . . . . . . : 255.255.255.0
Puerta de enlace predeterminada . . . . . : 192.168.3.1
```

b) Agregar el método SubredHost, que: defina el número de subredes y de host disponibles, como propiedades del método, previamente calculadas.

```
function ConfiRed(){
        this.ipv4 = "192.168.3.100";
        this.mascara = "255.255.255.0";
        this.puertaEnlace = "192.168.3.1";
        this.subredes = calcularSubredHost(this.ipv4, this.mascara, this.puertaEnlace);
}

function calcularSubredHost(ip, ma, pu){
        var bitsIP = partirEnBits(ip);
        var msgIP;
```

```javascript
        var bitsMa = partirEnBits(ma);
        var msgMa;
        var bitsPu = partirEnBits(pu);
        var msgPu;
        var msgSubRed;
        var msgHost;
        if(bitsIP != undefined){
                for(let i=0;i<4;i++){
                        bitsIP[i] = ajustar(8, bitsIP[i]);
                }
                msgIP = bitsIP.toString();
        }else{
                msgIP = "IP invalida";
        }
        if(bitsMa != undefined){
                if(comprobarMascaraRed(bitsMa)){
                        for (let i=0;i<4;i++){
                                bitsMa[i] = ajustar(8, bitsMa[i]);
                        }
                        msgMa = bitsMa.toString();
                }else{
                        msgMa = "Mascara invalida";
                }
        }else{
                msgMa = "Mascara invalida";
        }
        if(bitsPu != undefined){
                for(let i=0;i<4;i++){
                        bitsPu[i] = ajustar(8, bitsPu[i]);
                }
                msgPu = bitsPu.toString();
        }else{
                msgPu = "Puerta enlace invalida";
        }
        // Calcular subredes, contar numero de unos
        // Calcular host, contar numero de ceros
        if(bitsMa != undefined){
                let tipoRed = parseInt(bitsIP[0], 2);
                let acumuladorSR = 0;
                let acumuladorH = 0;
                if(tipoRed < 127){
                // https://stackoverflow.com/questions/881085/count-the-number-of-
                occurences-of-a-character-in-a-string-in-javascript
                        acumuladorSR += (bitsMa[1].match(/1/g)||[]).length;
                        acumuladorSR += (bitsMa[2].match(/1/g)||[]).length;
                        acumuladorSR += (bitsMa[3].match(/1/g)||[]).length;
                        acumuladorH += (bitsMa[1].match(/0/g)||[]).length;
                        acumuladorH += (bitsMa[2].match(/0/g)||[]).length;
                        acumuladorH += (bitsMa[3].match(/0/g)||[]).length;
                }else if(tipoRed < 192){
                        acumuladorSR += (bitsMa[2].match(/1/g)||[]).length;
                        acumuladorSR += (bitsMa[3].match(/1/g)||[]).length;
                        acumuladorH += (bitsMa[2].match(/0/g)||[]).length;
                        acumuladorH += (bitsMa[3].match(/0/g)||[]).length;
                }else if(tipoRed < 224){
                        acumuladorSR += (bitsMa[3].match(/1/g)||[]).length;
                        acumuladorH += (bitsMa[3].match(/0/g)||[]).length;
                }else{
                        msgSubRed = "Red fuera de rango";
                        msgHost = "Red fuera de rango";
                }
                if(tipoRed < 224){
                        if(acumuladorSR != 0){
                                msgSubRed = Math.pow(2, acumuladorSR) -2;
                        }else{
                                msgSubRed = 0;
                        }
                        if(acumuladorH != 0){
                                msgHost = Math.pow(2, acumuladorH) -2;
                        }else{
                                msgHost = 0;
                        }
                }
        }else{
```

```
                                    msgSubRed = "No es posible calcular";
                                    msgHost = "No es posible calcular";
                    }

                    var cadena = "<p>Bits IP: " + msgIP + "<br />";
                    cadena += "Bits Mascara: " + msgMa + "<br />";
                    cadena += "Bits P. Enlace: " + msgPu + "<br />";
                    cadena += "Numero de subredes: " + msgSubRed + "<br />";
                    cadena += "Numero de equipos: " + msgHost + "</p>";
                    return cadena;
           }

           function ajustar(tam, num) {
                    if(num.length != 8){
                            let diferencia = 8 - num.length;
                            for(; diferencia > 0; diferencia--){
                                    num = "0".concat(num);
                            }
                    }
                    return num;
           }


           function partirEnBits(direccion){
                    var resultado = undefined;
                    var trozos = direccion.split("."); //Se parte la IP por el punto
                    if(trozos.length == 4){ // Cada IP tiene 4 segmentos
                            var strCompr = /^[0-9]+$/;
                            // Cadena de comprobación, sólo puede haber números
                            for(i=0;i<4 && strCompr != null;i++){
                                    if(!trozos[i].match(strCompr)){
                                    // Pasamos el segmento por la cadena de comprobación
                                            strCompr = null;
                                    // Ha encontrado caracteres no numéricos, anula la cadena de
                                    comprobación
                                            }
                            }
                            if(strCompr != null){
                            // Si la cadena de comprobación no es nula (todos los segmentos son
                    numéricos)
                                    var cifras = new Array(4);
                                    var pasoBinario = new Array(4);
                            // Esto es lo que se va a devolver, con los segmentos en binario
                                    for(i=0;i<4;i++){
                                            cifras[i] = parseInt(trozos[i]);
                                            // Convertimos el texto de los segmentos a número
                                            if(cifras[i] >=0 && cifras[i] <= 255){
                                    // Cada segmento debe estar entre 0 y 255 ambos incluidos para ser
                            válido
                                                    pasoBinario[i] = cifras[i].toString(2);
                                    // Paso del segmento a binario
                                            }else{
                                                    break;
                                                    // Si el valor del segmento es inferior a 0 o
                                            superior a 255
                                                    }
                                    }
                                    if(pasoBinario[3] != undefined){
                                    // Si el último segmento en binario existe, todos los segmentos
                            son validos
                                            resultado = pasoBinario;
                                    }
                            }
                    }
                    return resultado;
           }

function comprobarMascaraRed(bitMask){
        var correcta = false;
        if(bitMask != undefined){
        // Comprobación por seguridad de que la máscara recibida tiene algo
                var i = 0;
                var yaHayCeros = false;
        // Indicador de que se han encontrado ceros en la máscara
```

```
        /* Cuando aparece un cero en una máscara de red, todas las cifras siguientes deben
        ser 0 para que sea válida */
                var invalido = false;
                for(;i<4 && !invalido;i++){
                        if(yaHayCeros){
                                if(bitMask[i].length == 1){
                                        if(!(bitMask[i]==="0")){
                                                        invalido = true;
                                        }
                                }else{
                                        invalido = true;
                                }
                        }else{
                                if(bitMask[i].length != 8){
        // Si el segmento no tiene longitud 8 y no es "0", la máscara ya es inválida
        /* Ejemplo: El segmento 1111111 tiene longitud 7, si se rellena hasta longitud
        8 tenemos 01111111    */
                                        if(!(bitMask[i]==="0")){
                                                invalido = true;
                                        }else{
                                                yaHayCeros = true;
                                        }
                                }else{
                                        let indice = bitMask[i].indexOf("0");
                                        // Buscamos el primer 0 del segmento
                                        if(indice != -1){
                                                // Hay ceros en el segmento
                                                yaHayCeros = true;
                                                for(;indice < 8 && !invalido;indice++){
                                                        if(!(bitMask[i].charAt(indice) === "0")){
                                                                invalido = true;
                                                        }
                                                }
                                        }
                                }
                        }
                }
                correcta = !invalido;
        }
        return correcta;
}

function funcionRed(){
        red = new ConfiRed();
        document.write("<p>Direccion IP: " + red.ipv4 + "<br />");
        document.write("Mascara de red: " + red.mascara + "<br />");
        document.write("Puerta de enlace: " + red.puertaEnlace + "</p>");
        document.write(red.subredes);
}
document.open();
funcionRed();
document.close();
```

RESULTADO:

Direccion IP: 192.168.3.100
Mascara de red: 255.255.255.0
Puerta de enlace: 192.168.3.1

Bits IP: 11000000,10101000,00000011,01100100
Bits Mascara: 11111111,11111111,11111111,00000000
Bits P. Enlace: 11000000,10101000,00000011,00000001
Numero de subredes: 0
Numero de equipos: 254

Ejercicio 20: Definir prototipo comando MODE.

Definir prototipos para realizar instancias a diferentes objetos de configuración del sistema. Definir que es propiedad y que es método, si es público o privado.
Se trabaja con objetos de Configuración de los dispositivos de sistema.

a) Definir el siguiente objeto: PuertoSerie

    Puerto serie: MODE COMm[:] [BAUD=b] [PARITY=p] [DATA=d] [STOP=s]
    [to=on|off] [xon=on|off] [odsr=on|off]
    [octs=on|off] [dtr=on|off|hs]
    [rts=on|off|hs|tg] [idsr=on|off]

b) Definir el objeto: ModoPuerto

    Estado de dispositivo: MODE [dispositivo] [/STATUS]

c) Definir el Objeto: PuertoPrnCom

    Desviar impresión: MODE LPTn[:]=COMm[:]

d) Definir el Objeto: ConsolaPais

    Seleccionar página de códigos: MODE CON[:] CP SELECT=yyy

e) Definir el Objeto: ConsolaEstado

    Estado de página de códigos: MODE CON[:] CP [/STATUS]

f) Definir el objeto: ConsolaLineas

    Modo de pantalla: MODE CON[:] [COLS=c] [LINES=n]

g) Definir el objeto: TecladoVelRep

    Velocidad del teclado: MODE CON[:] [RATE=r DELAY=d]

```
/*      Definir objeto: PuertoSerie
        Puerto serie:       MODE COMm[:] [BAUD=b] [PARITY=p] [DATA=d] [STOP=s]
        [to=on|off] [xon=on|off] [odsr=on|off]
        [octs=on|off] [dtr=on|off|hs]
        [rts=on|off|hs|tg] [idsr=on|off]
*/
function PuertoSerie(){
        this.baud = "";
        this.parity = "";
        this.data = "";
        this.stop = "";
        this.to = "";
        this.xon = "";
        this.odsr = "";
        this.octs = "";
        this.dtr = "";
        this.rts = "";
        this.idsr = "";
}
/*      Definir el objeto: ModoPuerto
        Estado de dispositivo:       MODE [dispositivo] [/STATUS]    */
function ModoPuerto(){
        this.modo = "";
}
/*      Definir el Objeto: PuertoPrnCom
        Desviar impresión:           MODE LPTn[:]=COMm[:]   */
function PuertoPrnCom(){
        this.LPTn = "";
}
/*      Definir el Objeto: ConsolaPais
        Seleccionar página de códigos: MODE CON[:] CP SELECT=yyy    */
function ConsolaPais(){
        this.select = "";
}
/*      Definir el Objeto: ConsolaEstado
        Estado de página de códigos:  MODE CON[:] CP [/STATUS]     */

function ConsolaEstado(){
        this.cp = "";
}
/*      Definir el objeto: ConsolaLineas
        Modo de pantalla:            MODE CON[:] [COLS=c] [LINES=n]     */

function ConsolaLineas(){
        this.cols = "";
        this.lines = "";
}
/*      Definir el objeto: TecladoVelRep
        Velocidad del teclado:       MODE CON[:] [RATE=r DELAY=d]       */

function funcTecladoVelRep(){
```

```
                        this.rate = "";
                        this.delay = "";
            }
```

Ejercicio 21. Estructura try{} y cath{}

Realizar las siguientes ejecuciones con try{} cath{} y recoger el error, el número y mostrar una alert con el número de error.

a) Dividir un número por cero.

b) Dividir 0 entre 0.

c) Dividir un número por una cadena.

d) Restar una cadena vacía a una cadena completa.

e) Utilizar una cadena de ejercicios anteriores para asignarlo a un array, y comprobar que al recorrer el array no se da ninguna situación errónea.

SOLUCIÓN 1:

> Lanza una excepción definida por el usuario.
> **throw** *expresion*;
> Se puede lanzar si es cierta la condición *if*

```javascript
    // Ejercicio 21
    var n1 = 5;
    var n2 = true;
    try{
        if(n2 == 0 && n1 == 0) throw 'Dividir 0 entre 0';
        if(n2 == 0 || n1 == 0) throw 'Dividir un numero por cero.';
        if(isNaN(n1) || isNaN(n2)) throw 'Dividir numero por una cadena';
        if(n1 == "" && isNaN(n2)) throw 'Restar una cadena vacía a una cadena
        completa.';
        if(typeof n2 == 'boolean') throw 'Dividir un numero por un valor boolean';

        var resultado = n1 / n2;
        document.write(resultado);
    }catch(err){
        alert(err);
    }
```

RESULTADO:

Esta página dice

Dividir un numero por un valor boolean

Aceptar

SOLUCIÓN 2:

```javascript
    try{
        var divisor = 1000;
        var dividendo = 0;

        if(dividendo == 0){
            throw new Error("Error: No se puede dividir entre 0");
        }
        console.log(divisor / dividendo);
    }catch(e){
        console.log(e.message);
    }
    try{
        var divisor = 0;
        var dividendo = 0;

        if(dividendo == 0 && divisor == 0){
            throw new Error("Error: Dividendo y divisor son 0");
        }
        console.log(divisor / dividendo);
    }catch(e){
        console.log(e.message);
    }
    try{
        var divisor = "cadena Divisor";
        var dividendo = 0;
        if(typeof(divisor) == "string" || typeof(dividendo) == "string"){
            throw new Error("Error: Está intentando dividir un numero y una
                cadena");
        }
        console.log(divisor / dividendo);
    }catch(e){
```

```
                console.log(e.message);
        }
        try{
                var cadena = "";
                var cadena2 = "cadena Divisor";
                if(isNaN(cadena-cadena2)){
                        throw new Error("Error: Una de las cadenas está vacía");
                }
        }catch(e){
                console.log(e.message);
        }
        try{
                var divisor = 1000;
                var dividendo = true;
                if(typeof(dividendo)=="boolean" || typeof(divisor)=="boolean"){
                        throw new Error("Error: No se puede dividir booleanos");
                }
                console.log(divisor / dividendo);
        }catch(e){
                console.log(e.message);
        }
        try{
                var cadena = "cadena Divisor ";
                var array = new Array();
                array = cadena
                console.log(array);
        }catch(e){
                console.log(e.message);
        }
```

RESULTADO: **obtenido en la consola del navegador.**

Error: No se puede dividir entre 0
Error: Dividendo y divisor son 0
Error: Está intentando dividir un número y una cadena
Error: Una de las cadenas está vacía
Error: No se puede dividir booleanos
cadena Divisor

> **try** se ejecuta si no se produce ningún error o exception.
> **catch** Si se produce una exception se ejecuta o analizan todas las posibles excepciones.
> **finally** se ejecuta siempre independientemente si se produce un try o catch.
> ```
> try {
>     ...
> }
> [catch (exception_var_1 if
> condition_1) {
> }]
> ...
> [catch (exception_var_2) {
>     ...
> }]
> [finally {
>     ...
> }]
> ```

Ejercicio 22. Gestionar puntos de rotura, breakpoint.

Utilizar el ejercicio 11 y ubicar 5 puntos de breakpoint. Ejecutar en los cinco navegadores, para observar cómo se produce la pausa, y como continuamos a partir del breakpoint. Enumerar ejerciUT3-22-11A.html ó ejerciUT3-22-11A.JS,...

a) Internet Explorer. (F12)
b) Chrome. https://support.google.com/chrome/answer/157179?hl=es
c) Mozilla Firefox. https://support.mozilla.org/es/kb/accesos-directos-de-teclado#w_atajos-de-teclado-y-sistemas-operativos
d) Safari. https://support.microsoft.com/es-es/kb/970299
   https://support.apple.com/es-es/HT201236
e) Opera. http://help.opera.com/Windows/10.10/es-ES/keyboard.html

```
function numeroCaracteres(frase){
        frase.split(" ");
        document.write("La frase tiene "+frase.length+" caracteres en total");
}

function numeroPalabras(frase){
        var palabras = frase.split(" ");
        document.write("La frase tiene "+palabras.length+" palabras.");
}
function numeroVocales(frase){
        debugger;
        frase.split(" ");
        var contador = 0;
        var a = 0;
        var e = 0;
```

> La sentencia **debugger** invoca cualquier funcionalidad de depuración disponible, tiene la misma función que un breakpoint
> a) if (thisThing) { debugger; }
> b) debugger;

```javascript
        var ii = 0;
        var o = 0;
        var u = 0;

        for (i = 0; i < frase.length ; i++) {
            if(frase[i] == "a"){
                contador++;
                a++;
            }
            if(frase[i] == "e"){
                contador++;
                e++;
            }
            if(frase[i] == "i"){
                contador++;
                ii++;
            }
            if(frase[i] == "o"){
                contador++;
                o++;
            }
            if(frase[i] == "u"){
                contador++;
                u++;
            }
        }
        document.write("Total de vocales: "+contador+"<br />");
        document.write("Total de a: "+a+"<br />");
        document.write("Total de e: "+e+"<br />");
        document.write("Total de i: "+ii+"<br />");
        document.write("Total de o: "+o+"<br />");
        document.write("Total de u: "+u);
}

function numeroComasPuntos(frase){
        debugger;
        frase.split(" ");
        var contador = 0;
        var a = 0;
        var e = 0;

        for (i = 0; i < frase.length ; i++) {
            if(frase[i] == ","){
                contador++;
                a++;
            }
            if(frase[i] == "."){
                contador++;
                e++;
            }
        }
        document.write("Total de comas y puntos: "+contador+"<br />");
        document.write("Total de comas: "+a+"<br />");
        document.write("Total de puntos: "+e+"<br />");
}

var frase = "Yo creo que la gente, cuando es inteligente y completamente normal, no
debe pretender el ser rara y extraña, porque llega al absurdo inventado."
document.write(frase);
document.write("<br />");
document.write("<br />");
numeroCaracteres(frase);
document.write("<br />");
numeroPalabras(frase);
document.write("<br />");
document.write("<br />");
numeroVocales(frase);
document.write("<br />");
numeroComasPuntos(frase);
```

Se detendrá automáticamente allí cuando se ejecute. Incluso puede envolverlo en condicionales, por lo que solo se ejecuta cuando lo necesite.
if (thisThing) { breakpoint; }

RESULTADO:

Yo creo que la gente, cuando es inteligente y completamente normal, no debe pretender el ser rara y extraña, porque llega al absurdo inventado.

La frase tiene 143 caracteres en total
La frase tiene 24 palabras.

Total de vocales: 50
Total de a: 12
Total de e: 22
Total de i: 3
Total de o: 9
Total de u: 4
Total de comas y puntos: 4
Total de comas: 3
Total de puntos: 1

SOLUCIÓN 2:

```
var frase = prompt("Introduzca una frase: ");
var palabras = frase.split(" ");
var contadorPalabras = 0;
var contadorCaracteres = 0;
var caracteres = frase.length;
document.write("La frase introducida es: "+frase+"<br/>");
for (var i=0;i<palabras.length;i++){
     contadorPalabras++;
}
document.write("Palabras: "+contadorPalabras+'<br>');
debugger;
for (var j=0;j<frase.length;j++){
     contadorCaracteres++;
}

document.write("Caracteres: "+contadorCaracteres+'<br>');
```

RESULTADO:

La frase introducida es: Hoy es el día del examen final
Palabras: 7
Caracteres: 30

> El **operador** in devuelve true si la propiedad especificada está en el objeto especificado o su prototipo
> **Prototipo in objeto**
> var arr=new Array("a","b","c")
> **1 in arr //devuelve true**

Ejercicio 23. Ejecución del operador in.

Crear tres ejemplos en los que realiza la ejecución del operador in.
a) Dada una matriz ["alumnos", "profesores", "aulas", "mesas", "sillas", "pizarras"] .
b) Comprobar que dada la posición 5 del array, contiene valor.
c) Comprobar que la posición 0 del array es una cadena.
d) Buscar la cadena "aulas" dentro de la matriz.

SOLUCIÓN 1:

```
var a = ["alumnos", "profesores", "aulas", "mesas", "sillas", "pizarras"]
document.writeln ((5 in a)+"<br>");
document.writeln ((0 in a)+"<br>");
for (i  in a ){
     if (i == 5) document.writeln (("indice"+i)+"<br>");
}
for (i  of  a){
     if (i  == "aulas") { document.writeln (("si coincide")+"<br>");}
}
```

SOLUCIÓN 2:

```
var array = ["alumnos", "profesores", "aulas", "mesas", "sillas", "pizarras"];
if (5 in array){
     console.log(array[5]);
}else{
     console.log("La posicion no existe");
}
if(typeof(0 in array) == "string"){
     console.log("Es una cadena");
}else{
```

```
        console.log("No es una cadena");
    }
console.log(20 in array);
```

RESULTADO:

pizarras
No es una cadena
false

SOLUCIÓN 3:

```
var matriz=["alumnos", "profesores", "aulas", "mesas", "sillas", "pizarras"];
if(5 in matriz){
        console.log("Hay valor");
}else{
        console.log("No hay valor");
}
        var cero=matriz[0];
if(typeof(cero)==="string"){
        console.log("El elemento que se encuentra en la posicion 0 de la matriz es un
        string");
}else{
        console.log("El elemento que se encuentra en la posicion 0 de la matriz NO es
        un string");
}
if(matriz.indexOf("aulas")!==-1){
        console.log("Existe aulas en la matriz");
}else{
    console.log("No existe aulas en la matriz");
}               }
```

RESULTADO 3:

> Hay valor
> El elemento que se encuentra en la posicion 0 de la matriz es un string
> Existe aulas en la matriz

Ejercicio 24. Crear un prototipo.

Crear un prototipo (nombreAlumno, Edad, Sexo, estudios["ESO","SMR","BACHILLERATO"]) y además con una función cierre o cerradura, que se encuentre dentro de un prototipo y además que la función cerradura contenga las propiedades, algunas como consecuencia del cálculo de valores (notaMediaESO=5, Moda=7, FrecuenciaModa=3). Los valores se encuentran almacenados en una var MatrizNotas[]. Crear el prototipo y realizar una instancia a valores con un alumno y 5 notas.

Definición de una función: No es un prototipo.

```
    <script>
        function Alumno(nombre, edad, sexo, estudios){
            this.nombre=nombre;
            this.edad=edad;
            this.sexo=sexo;
            this.estudios=estudios;
        }
        var matrizNotas=['1','2','3','4','5','6','7','8','9','10'];
        var x = new Alumno('Alberto','20','Hombre','Bachillerato');
    </script>
```

Ejercicio 25: Crear un prototipo a partir de los datos de un alumno.

Realizar un prototipo a partir de los siguientes datos introducidos desde teclado.
- Nombre y 2 apellidos.
- Fecha de nacimiento.
- Estado Civil. (S|C|V|P|O).
- DNI método para validarlo, utilizando el algoritmo de validación de las letras.

Crear un prototipo con un array que contenga los módulos de DAW 2º y un segundo array con tres propiedades (primeraEv, segundaEv, terceraEva) especificar el tipo de datos Number.

- Crear tres métodos de encapsulación para creación y de lectura de las propiedades primeraEv, segundaEv, terceraEva.

Crear tres objetos que cumplan con él u objetos definidos anteriormente, leer valores desde teclado y depositarlo en el objeto (misDatosAlumno), posteriormente visualizar:

a) Los datos del prototipo.
b) Los datos del objeto.

```javascript
function datosAlumno(nombre,apellido1,apellido2,fechaNac,estadoCivil,dni){
        this.nombre = nombre;
        this.apellido1 = apellido1;
        this.apellido2 = apellido2;
        this.fechaNac = fechaNac;
        this.estadoCivil = estadoCivil;
        this.dni = validaDNI(dni);
}

function validaDNI(dni){
        var numero;
        var letr;
        var letra;
        var expresion_regular_dni = /^\d{8}[a-zA-Z]$/;
        if(expresion_regular_dni.test (dni) == true){
                numero = dni.substr(0,dni.length-1);
                letr = dni.substr(dni.length-1,1);
                numero = numero % 23;
                letra='TRWAGMYFPDXBNJZSQVHLCKET';
                letra=letra.substring(numero,numero+1);
                if (letra!=letr.toUpperCase()) {
                        return false;
                }else{
                        return dni;
                }
        }else{
                return false;
        }
}

var nombre = prompt("Introduce nombre: ");
var apellido1 = prompt("Introduce 1° apellido: ");
var apellido2 = prompt("Introduce 2° apellido: ");
var fechaNac = prompt("Introduce fecha de nacimiento: ");
var estadoCivil = prompt("Introduce estado civil: ");
var dni = prompt("Introduce dni: ");
while (validaDNI(dni) == false){
        alert("Datos incorrectos.");
        var dni = prompt("Introduce dni: ");
}
var misDatosAlumno = new datosAlumno(nombre,apellido1,apellido2,
fechaNac,estadoCivil,dni);
console.log(misDatosAlumno);
```

SOLUCIÓN 2:

```javascript
function validarDNI(dni) {
    'use strict';
    var dniValido = true;
    if (dni.length !== 9) {
        dniValido = false;
    } else {
        var caracteres = "TRWAGMYFPDXBNJZSQVHLCKE";
        var letra = dni.substr(8);
        var letraDNI = caracteres.charAt(dni.substr(0, 8) % 23);
        if (letra !== letraDNI) {
            dniValido = false;
        }
    }
    return dniValido;
}

function Alumno(nombre,apellido1,apellido2,fechaNac,estadoCivil,dni) {
```

```
    'use strict';
    this.nombre=nombre;
    this.apellido1 = apellido1;
    this.apellido2 = apellido2;
    this.fechaNac = fechaNac;
    this.estadoCivil = estadoCivil;
    if (validarDNI(dni)) {
        this.dni = dni;
    }
}

var datoAlumno = new Alumno("Sevita", "Hernández", "Moran", "03-01-1991", "S",  function
validarDNI(dni) {
    'use strict';
    var dniValido = true;
    if (dni.length !== 9) {
        dniValido = false;
    } else {
        var caracteres = "TRWAGMYFPDXBNJZSQVHLCKE";
        var letra = dni.substr(8);
        var letraDNI = caracteres.charAt(dni.substr(0, 8) % 23);
        if (letra !== letraDNI) {
            dniValido = false;
        }
    }
    return dniValido;
});
function Alumno(nombre,apellido1,apellido2,fechaNac,estadoCivil,dni) {
    'use strict';
    this.nombre=nombre;
    this.apellido1 = apellido1;
    this.apellido2 = apellido2;
    this.fechaNac = fechaNac;
    this.estadoCivil = estadoCivil;
    if (validarDNI(dni)) {
        this.dni = dni;
    }
}
var alumno = new Alumno("Alberto", "Martin", "Gonzalez", "07-02-1969", "S", "12345678Z");
```

Ejercicio 26: Dados 3 números enteros mostrar el mayor y el menor.

Se solicitan 3 números por teclado y como resultado muestra el mayor y el menor de los número introducidos, se puede realizar de diferentes formas:

<u>SOLUCIÓN 1:</u>

```
        var numero1 = prompt("Ingrese numero 1: ");
        var numero2 = prompt("Ingrese numero 2: ");
        var numero3 = prompt("Ingrese numero 3: ");

        numero1=parseInt(numero1);
        numero2=parseInt(numero2);
        numero3=parseInt(numero3);
        if (numero1 == numero2 && numero1 == numero3){
            document.write("Numero 1, Numero 2 y Numero 3 son iguales! y valen:
            "+numero1+"");
        } else{
            if (numero1 > numero2){
                if (numero1 > numero3){
                    document.write("Numero 1 es Mayor y vale: "+numero1+"");
                }else{
                    document.write("Numero 3 es Mayor y vale: "+numero3+"");
                }
            } else{
                if(numero1 < numero2){
                    if (numero2 > numero3){
                        document.write("Numero 2 es Mayor y vale: "+numero2+"");
                    }else{
                        document.write("Numero 3 es Mayor y vale: "+numero3+"");
                    }
                }
            }
        }
```

```
document.write("<br />"+"Numero 1 = "+numero1+"<br />"+"Numero 2 = "+numero2+"<br
/>"+"Numero 3 = "+numero3);
```

SOLUCIÓN 2:

Se puede utilizar Math.max(numero1, numero2) y Math.min(numero1,numero2). Para obtener el máximo y el mínimo de dos números.

Ejercicio 27: Calcular el NIE.

El número de identidad de extranjero, más conocido por sus siglas NIE es, en España, un código que sirve para la identificación de los no nacionales. Está compuesto por una letra inicial, siete dígitos y un carácter de verificación alfabético. La letra inicial es una X para NIEs asignados antes de julio de 2008 y una Y para NIEs asignados a partir de dicha fecha. Una vez agotada la serie numérica de la Y la norma prevé que se utilice la Z.

Para calcular la letra final de este número, se sustituye la primera letra por los siguientes valores X=0, Y=1, y Z=2 y con esta sustitución hecha se hace el mismo proceso que para calcular la letra del DNI.

> **Arrays asociativos**
> Se utilizan llaves {} para generar el array de elementos *clave:valor*
> a) Definir y luego asignar
> var coche = new Array();
> coche["marca"] = "skoda";
> coche["modelo"] = "octavia";
> b) Definir y asignar
> var coche = {"marca":"skoda","modelo":"octavia"};
> c) Puede guardar datos de cualquier tipo (JS es un lenguaje débilmente tipado).
> var coche = {"marca":"skoda","modelo":"octavia","CV":100,"AC":true};
> Acceso a los datos del Array Asociativo.
> a) Accedemos con la clave.
> var dato = coche["color"];
> b) Se puede recorrer un bucle por índice.
> for (var clave in coche) {
> document.write(clave+": " +coche[clave]);}

[ORDEN INT/2058/2008, de 14 de julio, por la que se modifica la Orden del Ministro del Interior de 7 de febrero de 1997, por la que se regula la Tarjeta de Extranjero, en lo concerniente al número de Identidad de Extranjero].

Ejemplo: Para el siguiente NIE: Z1234567 se sustituye la Z por 2 quedando: 21234567 dividido entre 23 tiene como resto 1 por lo que la letra de este NIE sería la R. El NIE sería Z1234567R.

```
function letraDni(numero) {
    return "TRWAGMYFPDXBNJZSQVHLCKET".substr(numero % 23, 1)
}
function letraNie(cadena){
    switch (cadena.substr(0,1).toUpperCase()){
        case "X":
            numero="0"+cadena.substr(1,cadena.len);
            break;
        case "Y":
            numero="1"+cadena.substr(1,cadena.len);
            break;
        case "Z":
            numero="2"+cadena.substr(1,cadena.len);
            break;
        default:
            return("ERROR: letra no admitida")
    }
    return  (letraDni(numero));
}
console.log(letraNie((prompt())));
```

SOLUCIÓN:

X1234567	L
Y1234567	X
Z1234567	D

Ejercicio 28: Hallar el mínimo común múltiplo de dos números m.c.m.(a,b) con arrays.

Ejemplo típico para hallar el m.c.m (12,8)= 24

$12/2=6$; $6/2=3$; $3/3=1$ => $12 = 2^2 \times 3$

$8/2=4$; $4/2=2$; $2/2=1$ => $8= 2^3$

m.c.m. $= 2^3 \times 3 = 8 \times 3 = 24$

PASO 1: Crear la función calcu(dato).

Se una función previa de prueba llamada **calcu(dato)**, se le pasa una valor por la variable dato. El bucle for comienza en el valor 2 hasta el valor del dato, se comprueba si el valor dato es divisible por i si el resto es cero, el valor es divisible sino se incrementa el número, si es divisible el valor del cociente pasa a ser el siguiente valor de la llamada así misma.

```
function calcu(dato){
   for (i=2;i<= dato;i++){
      if (dato % i == 0){
            console.log(i);
            dato= dato/i;
            calcu(dato);
            break;
      }
   }
}

var x=parseInt(prompt("Dame un número"));
calcu(x);
```

PASO 2: Hallar todos los divisores de un número con su repetición. Obtener el exponente.

La función **misDivi(miArr)**, esta función recibe un array con todos los divisores del número. Esta función trata de optimizar los divisores, dando como resultado un array **return arrCorre** con el contenido resultante de este array es el índice corresponde al número divisible y el valor del índice de ese número es el exponente.

El objetivo de la función **misDivi(miArr)**, es recorre la función entrante, comprobar el número de veces que se repite un divisor y almacenarlo en un array **arrCorre[i]**, i será el divisor el valor que se le asignará **cuenta**, esta variable contendrá el número de veces que se repite el divisor, o sea el exponente.

Inicialmente se utiliza un bucle que recorre todos los elementos del array **miArr**.

Problemas que se plantean al recorrer el bucle de elementos.

- Que la primera vez que parece un divisor, hay que recorrer de nuevo todo el array a partir del elemento actual hasta el final para contar el número de veces que aparece el divisor, lo solucionamos utilizando la variable **cuenta**.

- Cada vez se lee un nuevo elemento se inicializa a cero la variable cuenta. Se utiliza el valor cuenta=0, porque se recorre el bucle desde el primer valor al último.

- Recorrer el bucle interno **j** se vuelve a recorrer todos los elementos del bucle miArr, con el objetivo de comparar
        if ((i==j)
  i corresponde al valor a comparar y j es el valor con el que se compara, ej. Si **i=2**, se recorre el bucle de elementos comparando con j, si **i=2** y **j=2** es cierta la condición se cuenta un elemento incrementando cuenta++,

- Existen errores en las comparaciones y se observa que hay que comparar solo con los elementos del array inicial, para ello nos apoyamos en un nuevo array con valores lógicos , si el array no está definido el índice actual o el índice no estuviera inicializado aun valor, creamos un número elemento en el array lógico y lo ponemos a true. Si el valor ya está definido porque se ha realizado alguna asignación previa la condición es falsa, con lo cual cuando se recorra el array la comparación interna del bucle **j** no se realizará y se ignora.
        if (isNaN(arrCorre[i])){
            arrRecorre[i]=true;
        } else{
            arrRecorre[i]=false;
        }

Si el valor arraCorre[i] no es un número, esto impide que se cuente y lleve a errores. También facilita que cuando vuelva aparece por ej. El valor **i=2**, si ya se recorrió inicialmente y se ha extraído el exponente, para que no se repita el exponente utilizamos un array auxiliar con valores lógicos, cuando aparezca de nuevo el valor se ignorará en la condición.

```
if ((i==j) && arrRecorre[i]){
      cuenta++;
}
```

De esta forma solo contamos el número de veces que aparece un número la primera vez, el **arrRecorre[i]**, cuando se asigna la primera vez pasa a **false.** Esto impide que se vuelva a asignar el valor a un índice a asignado.

- La última condición, si es cierta el valor

```
if (arrRecorre[i]) {
       arrCorre[i]=cuenta;
       arrRecorre[i]=false;
       console.log(arrCorre[i]+"   "+i);
        document.write(arrCorre[i]+"   "+i+"<br>");
}
```

Si el array **arrCorre[i]** no contenía valor se asigna el número de veces que aparece, o el exponente, con la variable cuenta.

Se inicializa la el **arrRecorre[i]** a false. En principio no es necesario, y se visualizan los resultados en la consola y en el documento actual

```
function misDivi(miArr){
      let  arrCorre= new Array();
      let  arrRecorre= new Array();
      document.write("<h1>Descomponer el número</h1><br>");
      for (i of miArr){
      if (isNaN(arrCorre[i])){
                  arrRecorre[i]=true;
            } else{
            arrRecorre[i]=false;
            }
            cuenta=0;
            for(j of miArr){
                  if ((i==j) && arrRecorre[i]){
                        cuenta++;
                  }
            }
            if (arrRecorre[i]) {
                  arrCorre[i]=cuenta;
                  arrRecorre[i]=false;
                  console.log(arrCorre[i]+"   "+i);
                  document.write(arrCorre[i]+"   "+i+"<br>");
            }
      }
      return arrCorre;
}
```

PASO 3: Lee dos números y se obtiene los número divisibles, se almacenan los resultados en un array.

Se leen los valores y se convierte a numero enteros, (el resultado de la función prompt() es una cadena). Se llama a la función calcu(x), se pasa el valor introducido y posteriormente se devuelve un array con la descomposición en los divisores del número, el resultado se recoge en el array **salida1, salida2.**

```
var x=parseInt(prompt("Dame un número"));
salida1=calcu(x);
var cuenta=0;
var r1= new Array();
var y=parseInt(prompt("Dame el segundo número"));
salida2=calcu(y);
```

PASO 4: Pasarlos los divisores de cada número y obtener un array con el número y el exponente.

Se definen dos nuevo dos arrays salida11 y salida12, un tercer array resul.

- **salida11**: almacenará como índice el divisor y como valor el exponente del primer número.
- **salida12**: almacenará como índice el divisor y como valor el exponente del segundo número.
- **resul**: almacena como índice los divisores comunes o no de los dos número y como exponente el mayor de los que coincidan.

```
var salida11=new Array();
var salida12=new Array();
```

```
var resul= new Array();
var salida11=misDivi(salida1);
var salida12=misDivi(salida2);
```

PASO 5: Se recorre los dos arrays para obtener el mayor de los números que se repiten.

Se recorre el primer array, por cada elemento del array salida11, se comprueba si existe alguno igual en salida12 y se toma el mayor de los dos elementos y se asigna al array resul, en la misma posición que del índice y el valor es el mayor de los dos, (indice^{Exponente}), partimos que él índice es la base y el valor el exponente.

```
for (i in   salida11){
    resul[i]=salida11[i];
    for (j in salida12){
        if (i == j){
            ((salida11[i]>=salida12[j]) ? resul[i]=salida11[i]:resul[i]=salida12[j]);
        }
    }
}
```

Con este bucle solo hemos obtenido el número de elementos coincidentes, entre los dos array y nos no coincidentes entre los dos arrays que solo se encuentran en el primer array, se realiza en la asignación.

```
resul[i]=salida11[i];
```

PASO 6: Se recorre el array salida12 y asignar los divisores que no son comunes con el array salida11.

Se recorre el número de elementos que contiene el array salida12 y por medio de un flag **igual**, se recorre el array resultado del paso 5, y si el número coincide se sale del *for* por medio **break**, al finalizar el bucle sino se ha producido ninguna ruptura, si se llegó al final, la variable *igual=true*, entonces se analiza el valor de la variable y se agrega el elemento salida12[i] al array resul[i], ya que ese divisor no es común al primero número, pero si es divisible en el segundo número y no se había agregado.

```
for (i in   salida12){
    var igual=true;   // controla si existe o no en la matriz
    for (j in resul){
        if (i == j){
            igual=false;
            break;
        }
    }
    if (igual){
        resul[i]=salida12[i];// igual=true en la matriz no existe dicho elemento
    }
}
```

PASO 7: Visualizar el contenido de los divisores M.C.M.

Se visualizar dos mensajes de salida en consola y en el documento actual.

```
console.log("visualizar el resultado de la matriz");
document.write("visualizar el resultado de la matriz"+"<br>");
```

Este bucle recorre los elementos que forma *base*^{exponente} la base es el índice del array **i,** el exponente es *resul[i]*

$$i^{resul[i]}$$

```
for (i in resul){
    console.log(resul[i]+ "    "+i);
    document.write(resul[i]+ "    "+i+"<br>");
}
```

PASO 8: Visualizar el M.C.M. de los dos números leídos.

Se define una variable con valor a 1, como acumulador de los resultados del bucle, que nos dará el valor final del M.C.M.

Se recorre el bucle resul, se obtiene la base y el exponente y se calcula el m.c.m, para ello se utiliza Math.pow(base,resul[base]) sabiendo que *base*$^{resul[base]}$

```
var valorFin=1;

for (base in resul){
    valorFin=valorFin* Math.pow(base, resul[base]);
    console.log(Math.pow(base,resul[base]));
  //document.write((Math.pow(base,resul[base]))+"<br>");
}
console.log("m.c.m. "+valorFin);
document.write("<h3>m.c.m. ("+x+","+y+")  :"+valorFin+"</h3>");
```

CÓDIGO RESULTANTE:

```
var cuenta=0;
var r1= new Array();
```

```
function calcu(dato){
    for (i=2;i<= dato;i++){
        if (dato % i == 0){
            // console.log(i);
                r1[cuenta]=i;
                dato= dato/i;
                cuenta++;
                calcu(dato);
                break;
        }
    }
    return r1;
}

function misDivi(miArr){
    let  arrCorre= new Array();
    let  arrRecorre= new Array();
    document.write("<h1>Descomponer el número</h1><br>");
        for (i of miArr){
        if (isNaN(arrCorre[i])){
          arrRecorre[i]=true;
        } else{
          arrRecorre[i]=false;
        }
        cuenta=0;
        for(j of miArr){
            if ((i==j) && arrRecorre[i]){
                cuenta++;
            }
        }
        if (arrRecorre[i]) {
            arrCorre[i]=cuenta;
            arrRecorre[i]=false;
            console.log(arrCorre[i]+"   "+i);
            document.write(arrCorre[i]+"   "+i+"<br>");
        }
    }
    return arrCorre;
}

var x=parseInt(prompt("Dame un número"));
salida1=calcu(x);

var cuenta=0;
var r1= new Array();
var y=parseInt(prompt("Dame el segundo número"));
salida2=calcu(y);
console.log("primer número:"+x);
var salida11=new Array();
var salida12=new Array();

var resul= new Array();
var salida11=misDivi(salida1);
var salida12=misDivi(salida2);

for (i in  salida11){
    resul[i]=salida11[i];
        for (j in salida12){
            if (i == j){
                ((salida11[i]>=salida12[j]) ? resul[i]=salida11[i]:
resul[i]=salida12[j]);
            }
        }
}
for (i in  salida12){
    var igual=true;   // controla si existe o no en la matriz
        for (j in resul){
            if (i == j){
                igual=false;
                    break;
            }
        }
        if (igual){
```

```
                resul[i]=salida12[i]; // igual=true en la matriz no existe dicho
elemento
        }
}

var valorFin=1;
console.log("visualizar el resultado de la matriz");
document.write("visualizar el resultado de la matriz"+"<br>");
for (i in resul){
    console.log(resul[i]+ "     "+i);
    document.write(resul[i]+ "     "+i+"<br>");
}
```

RESULTADO:

Descomponer el número

4 2

1 3

1 41

Descomponer el número

1 11

1 179

visualizar el resultado de la matriz

4 2

1 3

1 11

1 41

1 179

m.c.m. (1968,1969) :3874992

Ejercicio 29: Hallar el m.c.m.(a,b), a partir m.c.d.(a,b).

Se utiliza el **ejercicio 28** Hallar el mínimo común divisor de un número MCD(a,b), Unidad de Trabajo 1. Se utilizó el algoritmo de Euclides,(El algoritmo de Euclides es un método antiguo y eficiente para calcular el máximo común divisor (MCD)). Y a partir de él se obtiene m.c.m.

$$m.c.m. = \frac{A \times B}{m.c.d}$$

```
function mcdNumero(a,b){
        while (a!=b){
                if  (a>b){
                        a=a-b;
                }else{
                        b=b-a;
                }
        }
        console.log(a);
        return a;
}
var    n1=parseInt(prompt("dame el primer numero"));
var    n2=parseInt(prompt("dame el segundo numero"));
var result=mcdNumero(n1,n2);
document.write("El m.c.m ("+n1+","+n2+") :"+((n1/result)*n1));
```

RESULTADO

El m.c.m (125,625) :125

El m.c.m (1968,1969) :3873024

Ejercicio 30. Calcular aleatoriamente cinco número de la primitiva.

Se define una función que genere valores aleatorios **valorAleatorio(num)**, los valores aleatorios se pasan por a la función y se recibe como num. Se utiliza el método .ceil(), multiplicando por el número.

```
function valorAleatorio(num){
    return Math.floor((Math.random()*num)+1);
}
```

Si se utilizará floor se agregaría más +1.

```
function valorAleatorio(num){
    return Math.ceil((Math.random()*num));
}
```

Se definen las siguientes variables como globales y se le asignan una inicialización.

```
var A=new Array();  // Se define un array como constructor de un array.
var aux, cuenta;    // Definición de las variables aux, cuenta como variables globales
aux=0;              // inicialización de las variables globales.
cuenta=0;
numquiero=5;        // Inicialización de variables locales, para paso de parámetros.
limitenumero=49;
```

La función analiza comprueba si el número que ha salido aleatoriamente, se encuentra ya depositado en el array A[], para ello se recorre el Array hasta el índice que el número que controla los elementos introducidos en el Array. Si el número introducido coincide, se sale la función devolviendo **true**.

```
function analiza(cuen){
    for (i=0; i<cuen;i++){
        if(A[i]===aux){
            document.write(A[i]+" "+aux+"<br>");
            console.log(A[i]+" "+aux);
            return true;
        }
    }
    return  false;
}
```

En el supuesto que existan números aleatorios repetidos, se muestra `document.write(A[i]+" "+aux+"<br>");`

El valor de salida de **analiza()** es true si existe valor aleatorio en el array, **false** si no existe en el array, se analiza en la condición resultante si existe, se produce la ejecución de continue y salta de nuevo al principio del bucle sin que se produzca ningún incremento de la variable **cuenta**, se repite de nuevo la solicitud de otro número y así sucesivamente, hasta completar el número **numquiero**.

```
while (cuenta<numquiero) {
    if (cuenta==0){
        A[cuenta]=valorAleatorio(limitenumero);
    } else  {
        aux=valorAleatorio(limitenumero);
        if (analiza(cuenta)){ continue;
        } else{ A[cuenta]=aux;
        }
    }
    cuenta++;
}
```

Visualizar el contenido en el array de los numquiero, aleatorios solicitados, en un margen **limitenumero**.

```
for (i=0;i<numquiero;i++){
    console.log(A[i]);
    document.write(A[i]+"<br>");
}
```

Ejercicio 31. Calcular aleatoriamente los cinco número de la primitiva y de los números de la Euromillon.

Se crea la función **primitiva(numquiero,limitenumero){}**, se pasa dos parámetros **numquiero**, como el número de valores aleatorios a solicitar, y **limitenumero** es el número total de valores aleatorios posibles.

```
function primitiva(numquiero,limitenumero){
    //   numquiero =5 - 2, limitenumero= 49 - 50
    aux=0;
    cuenta=0;
    while (cuenta<numquiero) {
        if (cuenta==0){
            A[cuenta]=valorAleatorio(limitenumero);
```

```
            } else   {
                aux=valorAleatorio(limitenumero);
                if (analiza(cuenta)){
                        continue;
                } else{
                        A[cuenta]=aux;
                }
            }
         cuenta++;
      }
      for (i=0;i<numquiero;i++){
         console.log(A[i]);
         document.write(A[i]+"<br>");
      }
   }
   var A=new Array();
   var aux, cuenta;
   document.write("primitiva  <br>");

   primitiva(5,49);
   document.write("euromillon  <br>");
   primitiva(5,50);
   document.write("complementarios  <br>");
   primitiva(2,12);
```

RESULTADO:

primitiva
18 18   ← Este valor se repite una vez
37
35
18
47
26
euromillon
6 6
40
6
29
27
9
complementarios
11
7

ACTIVIDADES DE AMPLIACIÓN

1. Diferencias entre una función anidad y una función anidada tipo closure.
2. Enumere las diferentes formas de definir una función.
3. Usando la consola de Firebug. Implementa las operaciones típicas de suma, resta y multiplicación. Mediante funciones anidadas.
4. Cree un array con los meses del año, ordene dicho array y muestre el resultado por la consola de Firebug.
5. Si partimos del siguiente array, [4,0,3,,4,7,3,5,8,1,8,8,0,2,3,1,2,5,7,3,2,5,1], cree un nuevo array con los elementos del array original sin repetir y ordenado.
6. Si partimos del siguiente array, [4,0,3,4,7, 3,5,8,1,8,8,0,2,3,1,2,5,7,3,2,5,1], identifique las posiciones ocupadas por el valor 3 sin necesidad de recorrer todos los elementos.
7. Si partimos del siguiente array, [4,0,3,4,7, 3,5,8,1,8,8,0,2,3,1,2,5,7,3,2,5,1], ordene sus valores de tal forma que ocupen las primeras posiciones los elementos pares.
8. Un array es:
   a) Un tipo de función en JavaScript.
   b) Un objeto interno.
   c) Un objeto de una librería externa.
   d) Un tipo de dato primitivo.
9. Cuál de los siguientes objeto no puede ser creado mediante new?
   a) Date.
   b) Math.
   c) String.
10. ¿Cómo Almacena JavaScript las fechas en un objeto Date?
    a) El número de milisegundos desde 1 de enero de 1970.
    b) El número de días desde 1 de enero de 1900.
    c) El número de segundos desde 1 de enero 1970.
11. ¿Cuál es el rango de números aleatorios generados por la función Math.random?
    a) Entre 1 y 199.
    b) Entre 1 y el número de milisegundos desde 1 de enero de 1970.
    c) Entre 0 y 1.
12. ¿Puede un objeto tener una propiedad la cual represente a su vez a otro objeto? Si es posible. El objeto que representa la propiedad se denomina objeto hijo. Un ejemplo de este tipo de estructuras es **windows.location**
13. ¿Puede un objeto de JavaScript tener propiedades que a su vez contengan como valor otro objeto? Ejemplo Window.history
14. ¿El objeto Math posee propiedades o constantes?
15. Cuente el número de letras a en el siguiente texto: "Capítulo octava del buen suceso que el valeroso don Quijote tuvo en el espantable y jamás imaginaba aventura de los molinos de viento con otros sucesos dignos de felice recordación".
16. Cree una función que permita realizar el cálculo de la nómina. La función desde recibir como parámetro el salario bruto anual, la retención a aplicar y el número de pagas. El resultado devuelto por la función será el salario mensual.
17. Simule mediante el uso de closure el funcionamiento de un cajero automático. El cajero deberá proveer la siguiente funcionalidad: consultar el saldo disponible, realizar su ingreso y extraer dinero facilitando en todas estas operaciones el código PIN.
18. Crear una estructura de decisión que permita identificar la talla de una prenda de ropa a partir de las tallas europeas. Los valores posibles de las tallas europeas serían XXL, XL, L, M, XS, S y las tallas esperada sería Grande, Mediana, Pequeña. Grande={XXL,XL,L} , Mediana={M}, Pequeña={XS,S}
19. Defina una función en donde independientemente del número de parámetros recibos realiza las siguientes acciones:
    a) Muestre por consola el número total de parámetros recibidos.
    b) En el caso de recibir más de 2 parámetros, intercambiar los valores del primer y tercer parámetro, mostrando los valores del antes y después en la consola.
20. Enumerar algunas propiedades y métodos de Array.
21. Definir un array.
22. ¿Qué es una matriz asociada?

23. Define un objeto boolean dentro de prototipo.
24. En que unidad trabajan los métodos Date.
25. Enumera dos tipos de datos numéricos.
26. Propiedades que tiene el objeto Number.
27. Cuando puedo aplicar isNaN(x) a Number.
28. Qué compruebo con ValueOf(x).
29. ¿Qué devuelve A4.toString()?
30. Si tengo A2=3.456023 y visualizo console.log(A2.toPrecision(3)); ¿Qué resultado me da?
31. Si definimos: MisDatos="Desarrollo de Aplicaciones Web al lado cliente", y consultamos:
    document.write(MisDatos.anchor()); document.write(MisDatos.big());
    document.write(MisDatos.blink()); document.write(MisDatos.charAt(3));
    document.write(MisDatos.fixed()); document.write(MisDatos.fontcolor("white"));
    document.write(MisDatos.fontsize(3)); document.write(MisDatos.lastIndexOf("Web",4));
    document.write(MisDatos.small()); document.write(MisDatos.toLowerUpper());
    document.write(MisDatos.toUpperCase());
32. Utilizando el objeto primitivo Math, como calcularíamos:
    a) El valor absoluto de un número.
    b) Calcular el arco tangente de un ángulo.
    c) A partir de dos puntos (x,y) devolver el ángulo respecto al arco tangente de esa posición.
    d) Devolver el número redondeado por debajo.
    e) Devolver el logaritmo neperiano de un número.
    f) Datos dos números obtener el máximo y el mínimo.
    g) Como obtendríamos un valor aleatorio entre 0 y 1000. Y entre 1-1000.
    h) Cuál es el método para obtener el redondeo del número entero más cercano.
    i) Como cálculo con un método la raíz cuadrada de 625.
    j) Como cálculo el seno, el coseno y la tangente de (pi/4) y ((3*PI)/2)
32. Una función tiene que devolver obligatoriamente algo en JS.
33. Se puede realizar la ruptura de funcionamiento de un bucle y de una función.
34. Una función obligatoriamente se puede definir en una sola línea function contesta() return {(valorLeido == true)? true: false)}
35. Se puede realizar una expresión de una función a una variable.
36. Como defino una función con un constructor.
37. Qué es una función auto-invocada. Como se construye, como se llama, pon un ejemplo.
38. Para que se utilizan las sentencias new y constructor.
39. ¿Qué es un prototipo?
40. ¿Cualquier objeto puede ser un prototipo?
41. ¿Qué objetivo tiene el uso de un prototipo?
42. Cuál es la estructura que tiene un prototipo?
43. ¿Cómo se definen propiedades solo locales ("privadas a ese objeto"),
44. ¿Qué utiliza this?
45. ¿Cómo agrego una propiedad a un prototipo una vez que ya cree el prototipo?
46. ¿Cómo agrego nuevos métodos a un prototipo ya existente?
47. ¿Crea un prototipo básico y asignarlo a un objeto?
48. ¿Cuándo utilizo una función Anidada? ¿Se puede utilizar dentro de un método?
49. ¿Qué se entiende por función closure, cierre o cerradura?
50. ¿Qué es el espacio de nombre, recibe otro nombre?
51. Diferencia entre espacio de nombre y sub-espacio de nombres.
52. Qué significa:
    a) ({}.prototype)
    b) (function (){
          })();
    c) {
        let dato= 5;
            {
                    let s1= dato+6;
            }

```
                    console.log(dato+" "+s1);
        }
```

53. Qué expresa: [[Prototype]], .__proto__
54. Enumera las tres formas de crear un nuevo método, en un prototipo.
55. Herencia de los prototipos se caracteriza por.
56. Como realizo la encapsulación con prototipos.
57. ¿Qué es una instancia?
58. Definir que es polimorfismo.
59. Crear un ejemplo de polimorfismo con un prototipo.
60. Como realizamos la extensión de un objeto.
61. Pon un ejemplo utilizando los siguientes operadores: in, instanceof, new, this, typeof, void.
62. Las Excepciones en JavaScript se pueden manejar: Cuales son las sentencias.
    a) Rompiendo el control de ejecución.
    b) Analizando cierto código y se produce un error que se ejecute una excepción.
    c) Analizando cierto código y se produce un error que se ejecute una excepción y continuar ejecutando cierto código independientemente que se haya ejecutado la excepción o no.

UNIDAD DE TRABAJO 5

Ejercicio 1. Formulario JS para validar el contenido.

Ejercicio 2. Crear un formulario que solicita datos de alta.

Ejercicio 3. Realizar una petición mediante el método GET.

Ejercicio 4. Formulario de petición u suscripción a un canal de prensa.

Ejercicio 5. Formulario validación tarjeta gráfica.

Ejercicio 6. Elegir entre estas tarjetas de crédito para realizar pagos.

Ejercicio 7: Validación de los campos de un formulario.

Ejercicio 8: Diseño de formularios.

Ejercicio 9. ¿Cómo recuperar un dígito perdido de un número de tarjeta?

Ejercicio 10. Validar una expresión regular escrita en un formulario.

Ejercicio 11: Creación de una expresión regular (TEORIA).

Ejercicio 12: Validación de Formulario.

Ejercicio 13: Lista de expresiones Regulares.

Seleccionar un tipo de tarjeta:
Mastercard
Numero de la tarjeta:
5105105105105100   Todo correcto
Enviar   Cancelar

MASTERCARD = /^5[1-5][0-9]{2}-?[0-9]{4}-?[0-9]{4}-?[0-9]{4}$/;

Ejercicio 1. Formulario JS para validar el contenido.

Un uso habitual de JavaScript con formularios es usar JavaScript para validar que el contenido introducido por los usuarios sea válido. Crea un formulario que conste de cinco campos: nombre, apellidos, email, ciudad y país. Usando el evento onsubmit, se desea realiza la validación para:

a) Comprobar que en el momento del envío ninguno de los campos tiene menos de dos caracteres (es decir, si está vacío, contiene una letra o dos letras se considerará no válido) accediendo a los campos mediante document.forms y elements.

b) Igual que el apartado a) pero accediendo a los campos directamente usando el atributo name (por ejemplo formularioContacto.apellidos haría alusión a un elemento input cuyo atributo name es apellidos en un formulario cuyo atributo name es formularioContacto).

SOLUCIÓN 1:

```
<body>
<form name="formulario" action="#" method="post" id="formulario"
onsubmit="validar();">
        <label for="nombre">Nombre</label>
        <input type="text" name="nombre"/>
        <label for="apellido">Apellido</label>
        <input type="text" name="apellido"/>
        <label for="email">Email</label>
        <input type="email" name="email"/>
        <label for="ciudad">Ciudad</label>
        <input type="text" name="ciudad"/>
        <label for="pais">Pais</label>
        <input type="text" name="pais"/>
        <input type="submit" name="enviar" value="Enviar"/>
</form>
<div id="texto">
</div>
</body>
<script>
        function validar(){
                var longitud = document.forms.formulario.elements.length-1;
                var formulario = document.forms.formulario;
                for(let i = 0; i<longitud;i++){
                        //document.write(formulario.elements[i].value);
                        if(formulario.elements[i].value.length<3){
                                document.write("Error:        El        campo        "        +
                                formulario.elements[i].name + " no es valido<br />");
                        }
                }
        }
</script>
```

RESULTADO:

Nombre	Apellido	Email	Ciudad	Pais	Env

Envío

Nombre A	Apellido S	Email SSS	Ciudad SSS°S°	Pais QEWRQWER	Enví

Incluye un signo "@" en la dirección de correo electrónico. La dirección "SSS" no incluye el signo "@".

Error: El campo nombre no es valido

Error: El campo apellido no es valido

Nombre	Apellido dos	Email baldosan37@gmail.com	Ciudad Salamanca	Pais España	

Error: El campo nombre no es valido

Ejercicio 2. Crear un formulario que solicita datos de alta.

Crear un formulario que solicite los datos de alta de un nuevo alumno en el centro. Los datos que debe solicitar serán:

- Nombre y apellidos.
- Titulación en la que se matricula, se presentara como un desplegable.
- Curso, se incluirán cursos de 1º a 4º.
- Año académico.

Para realizar las siguientes validaciones antes de realizar el envío de datos: Un ciclo formativo solamente tiene dos cursos académicos, no se admite un valor para el año académico mayor que el actual.

SOLUCIÓN 1:

```html
<body>
    <form name="formulario" action="#" method="post" id="formulario" >
        <label for="nombre">Nombre y apellidos</label>
        <input type="text" name="nombre"/>
        <select>
            <option value="-">-</option>
            <option value="1°">1°</option>
            <option value="2°">2°</option>
            <option value="3°">3°</option>
            <option value="3°">4°</option>
        </select>
        <label for="anyo">Año</label>
        <input type="date" name="anyo"/>
        <input type="submit" name="enviar" value="Enviar" onclick="validar();"/>
    </form>
    <div id="texto">
    </div>
</body>
<script>
    function validar(){
        var longitud = document.forms.formulario.elements.length-1;
        var formulario = document.forms.formulario;
        var hoy= new Date();
        var fechaform=new Date(formulario.elements[2].value);
        console.log(fechaform);
        console.log(hoy);
        if(formulario.elements[1].value=="3°" ||
        formulario.elements[1].value=="4°"){
            document.write("Valor no admitido");
        }
        if(fechaform>hoy){
            document.write("fecha no valida");
        }
    }
</script>
```

RESULTADO :

Nombre y apellidos [   ] [- ▾] Año [dd / mm / aaaa] [Enviar]

Nombre y apellidos [Baldomero Sánchez   ] [3° ▾] Año [02 / 12 / 2018 × ⇕ ▾] [Enviar]

diciembre de 2018 ▾   ◀ ● ▶

lu.	ma.	mi.	ju.	vi.	sá.	do.
26	27	28	29	30	1	2
3	4	5	6	7	8	9
10	11	12	13	14	15	16
17	18	19	20	21	22	23
24	25	26	27	28	29	30
31	1	2	3	4	5	6

Ejercicio 3. Realizar una petición mediante el método GET.

Realizar la petición mediante el método GET, analizando la cadena QueryString generada en la petición.

SOLUCIÓN 1:

```
<body>
        <form name="formulario" action="#" method="get" id="formulario"
        onsubmit="analizar();" >
                <label for="nombre">Nombre</label>
                <input type="text" name="nombre"/>
                <label for="apellidos">Apellidos</label>
                <input type="text" name="apellidos"/>
                <input type="submit" name="enviar" value="Enviar";/>
        </form>
        <div id="texto">
        </div>
</body>
<script>
        function analizar(){
                var temp = new Array();
                temp = document.URL.split("?");
                var parametros = new Array();
                var parametros = temp[1].split("&");
                var datos = new Array();
                for(let i=0;i<parametros.length-1;i++){
                        datos[i] = new Array();
                        datos[i] = parametros[i].split("=");
                }
                document.write(datos[0][1]);
                document.write(datos[1][1]);
        }
</script>
```

RESULTADO :

| Nombre | | Apellidos | | Enviar |

| Nombre | BALDO | Apellidos | SANCHEZ | Enviar |

BALDOSANCHEZ

Ejercicio 4. Formulario de petición u suscripción a un canal de prensa.

Defina un formulario de petición de subscripción a un canal de prensa. Los datos del registro deben recoger el nombre del usuario, el NIF, la dirección de correo y el país de residencia. Antes de enviar los datos al servidor, debe verificar que se cumplen las siguientes condiciones:

a) El país de residencia debe ser cualquier país de la Comunidad Económica Europea.

b) La dirección de correo electrónico no puede ser de servidores tipo Hotmail o yahoo.es

c) El formato del número de NIF debe ser el siguiente: 9 dígitos- letra, donde la letra será un valor de A-Z excepto X,M e I.

```
<body>
  <form action="" method="post" id="formulario">
      DNI:<br />
      <input type="text" name="DNI"/><br />
      <p id="errordni"></p><br />
      PAIS:<br />
      <input type="text" name="pais" /><br />
      <p id="errorpais"></p><br />
      EMAIL:<br />
      <input type="email" name="email" /><br />
      <p id="erroremail"></p><br />
      <button name="Enviar" id="Enviar">Enviar</button>
  </form>

</body>
<script>
        window.onload = function(){
                var enviar = document.getElementById("enviar");
                enviar.addEventListener("click",validar);
                }
```

```
function validar(event){
        event.preventDefault();
        var reg_dni=/^\d{8}[a-zA-Z]$/;
        var paises= new
        Array("Alemania","Bélgica","Bulgaria","Croacia","Dinamarca","Eslovenia"
        ,"España","Estonia","Finlandia","Francia","Grecia","Hungría","Irlanda","Italia"
        ,"Letonia","Lituania","Luxemburgo","Malta" ,"Países Bajos","Polonia"
        ,"Portugal" ,"Reino Unido" ,"República Checa","Rumanía","Suecia");
        var formulario=document.getElementById("formulario");
        var longitud= formulario.elements.length -1;
        var error = "";
        var dni = formulario.elements[0].value;
        document.getElementById("errordni").textContent = "";
        if(!reg_dni.test(dni)){
                document.getElementById("errordni").textContent = "DNI no valido";
        }
        var pais=formulario.elements[1].value;
        var paisCorrecto=paises.indexOf(pais);
        document.getElementById("errorpais").textContent = "";
        if(paisCorrecto<0){
                document.getElementById("errorpais").textContent="Pais no valido o
                inexistente";
        }
        var correo=formulario.elements[2].value;
        var separacion=correo.split("@");
        document.getElementById("erroremail").textContent = "";
        if(separacion[1]=="hotmail.es"||separacion[1]=="yahoo.es"){
                document.getElementById("erroremail").textContent="Email no valido";
        }
    }
}
</script>
```

RESULTADO:

DNI:

07878712

PAIS:

España

EMAIL:

baldosan37@gmail.com

Enviar

Ejercicio 5. Formulario validación tarjeta gráfica.

Crear el código JavaScript que cumpla con las siguientes funciones:

a) Si la longitud (número de caracteres) del campo nombre es mayor de 15 o igual a cero, el formulario no se enviará.

b) Si la longitud (número de caracteres) del campo apellidos es mayor de 30 o igual a cero, el formulario no se enviará.

c) Si la longitud (número de caracteres) del campo email es mayor de 35 o igual a cero, el formulario no se enviará. Si el email no contiene el carácter @ el formulario no se enviará.

d) Si se produce cualquiera de las circunstancias anteriores, debe aparecer un recuadro con color de fondo naranja y texto negro a la derecha de la casilla de introducción de datos, informando del problema detectado en ese campo (si es que ese campo presenta algún problema).

e) **Nota:** estos mensajes se deben mostrar sólo si el campo es erróneo después de pulsado el botón enviar, y deben desaparecer si el usuario realiza un nuevo intento y el campo es correcto. Los mensajes se incorporarán al DOM (no serán mensajes usando alert).

SOLUCIÓN 1 :

```html
<!DOCTYPE html>
<html lang="es">
<head>
    <meta charset="UTF-8">
    <title>ejer7</title>
</head>
<body>
<form action="" onsubmit="return false">
    Seleccionar un tipo de tarjeta: <br>
    <select name="tipoTarjeta" id="tipoTarjeta">
        <option value="mastercard">Mastercard</option>
        <option value="visa">Visa</option>
        <option value="americanExpress">American Express</option>
        <option value="discover">Discover</option>
    </select><br>

    Numero de la tarjeta: <br>
    <input type="text" id="numTarjeta" name="numTarjeta" onblur="validarTarjeta()">
    <span id="mensajeTarjeta"></span><br>

    <input type="submit" value="Enviar" id="enviar"
onclick="validacionFinalTarjeta()"> <input type="button" value="Cancelar"
id="cancelar">
</form>

<script>
function validarTarjeta(){
    var tipoTarjeta=document.getElementById("tipoTarjeta").value;
    var numTarjeta= document.getElementById("numTarjeta").value;
    var mensaje=document.getElementById("mensajeTarjeta");
    var tarjetaCorrecta=true;
    var mensajeError="";

    if (numTarjeta.trim()==""){
        mensajeError="campo vacio";
        tarjetaCorrecta=false;
    }else if(isNaN(numTarjeta.trim())){
        mensajeError="Solo se admiten numeros";
        tarjetaCorrecta=false;
    }else{
        switch(tipoTarjeta){
            case "mastercard":
                if(numTarjeta.trim().length!=16 ||
                (numTarjeta.trim().substr(0,2)!="51" &&
                numTarjeta.trim().substr(0,2)!="55")) {
                                    mensajeError = "Tarjeta no valida";
                                    tarjetaCorrecta = false;
                }
                break;
            case "visa":
                if((numTarjeta.trim().length!=16 &&
                numTarjeta.trim().length!=13)|| numTarjeta.trim().substr(0,1)!="4"
                ) {
                            mensajeError = "Tarjeta no valida";
                            tarjetaCorrecta = false;
                }
                break;
            case "americanExpress":
                if(numTarjeta.trim().length!=16 ||
                (numTarjeta.trim().substr(0,2)!="34" &&
                numTarjeta.trim().substr(0,2)!="37")) {
                            mensajeError = "Tarjeta no valida";
                            tarjetaCorrecta = false;
                }
                break;

            case "discover":
                if(numTarjeta.trim().length!=16 ||
                (numTarjeta.trim().substr(0,4)!="6011" &&
                numTarjeta.trim().substr(0,3)!="644" &&
                numTarjeta.trim().substr(0,2)!="65")) {
                            mensajeError = "Tarjeta no valida";
```

```
                                  tarjetaCorrecta = false;
                        }
                        break;
            }   // fin switch
        } // fin   if else

        if (tarjetaCorrecta){
                mensaje.innerHTML="correcto";
                mensaje.style.color="green";
        }else{
                mensaje.innerHTML=mensajeError;
                mensaje.style.color="red";
        }
        return tarjetaCorrecta;
    }

    function validacionFinalTarjeta() {
        var mensaje=document.getElementById("mensajeTarjeta");

        if (validarTarjeta()){
            var numTarjeta= document.getElementById("numTarjeta").value;
            var resultadoFinal=0;

            for (var i=0;i<numTarjeta.trim().length;i+=2){
                var resultadoOperacion=numTarjeta[i]*2;
                if(!!numTarjeta[i+1]){
                    if(resultadoOperacion>9){
                        resultadoFinal+=parseInt((resultadoOperacion-
                        9))+parseInt(numTarjeta[i+1]);
                    }else{
                        resultadoFinal+=parseInt(resultadoOperacion)+parseInt(numTa
                        rjeta[i+1]);
                    }
                }else{
                    if(resultadoOperacion>9){
                        resultadoFinal+=parseInt((resultadoOperacion-9));
                    }else{
                        resultadoFinal+=parseInt(resultadoOperacion);
                    }
                }
            }

            if((resultadoFinal%10)==0){
                mensaje.innerHTML="Todo correcto";
            }
        }
    }
</script>
</body>
</html>
```

Ejercicio 6. Elegir entre estas tarjetas de crédito para realizar pagos.

En el formulario se elige un tipo de tarjeta de Crédito o Débito y hay que validar el tipo elegido:

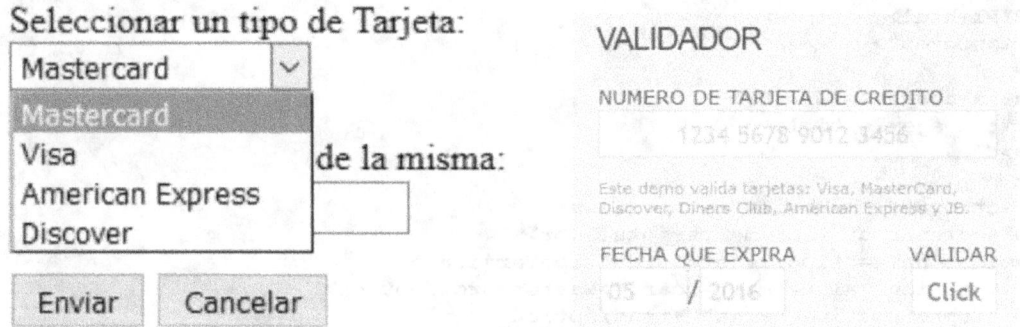

- **Mastercard:** La longitud es de 16 dígitos. Los dos primeros dígitos pueden ser: 51, 55.
- **VISA:** Longitud de dígitos 16, o bien 13 dígitos.
- **American Express:** La longitud 15 dígitos. Los dos primeros deben ser distintos de: 37, 34.
- **Discover:** Longitud 16 dígitos. Los 4 primeros caracteres deben ser distintos a 6011.
- Todos los dígitos introducidos deben ser números.

Conocimientos previos

Como preámbulo digamos veamos algunos de los dígitos utilizados por algunas marcas reconocidas para sus tarjetas de crédito como IIN de sus siglas en inglés "Issuer Identification Number" es el número utilizado para reconocer la empresa que emitió la tarjeta.

IIN	Empresa
34xxxx / 37xxxx	AMEX
4xxxxx	VISA
51xxxx / 55xxxx	Master Card
6011xx/ 644xxx/ 65xxxx	Discover

RESUMEN

El algoritmo de Luhn fue desarrollado por el científico de IBM Hans Peter Luhn (1896-1964) y es usado, entre otras cosas, para verificar si la serie numérica de las tarjetas de crédito (no débito) es válido comparándola con el dígito de control de la misma (último dígito).

Un número de tarjeta de crédito está formado por 13 ó 16 dígitos (lo más normal ahora son 16 dígitos).Para proceder a verificar su validez procedemos de la siguiente manera.

Pasos:

PASO 1. Tomemos un número de tarjeta de crédito del cual queramos verificar su validez:

  4857 6961 7919 2589

PASO 2. Separemos los números de las posiciones impares: (x = posición impar).

```
4857  6961  7919  2589
x x   x x   x x   x x
```

PASO 3. Multipliquemos los números de las posiciones impares por 2.

Si el número es mayor que nueve, le restamos nueve. (Nota: Podemos obtener el mismo resultado sumando las cifras consecutivamente, cuando cumpla la condición anterior. Ej:[12] {1 + 2 = 3} o {12 - 9 = 3}) . También se puede sumar los dígitos cuando superan el número nueve ej: 9x2= 18 (1+8=9), o bien (18-9=9).

   4 * 2 = 8
   5 * 2 = 10 ; {> 9} => {1 + 0 = 1} o {10 - 9 = 1}
   6 * 2 = 12 ; {> 9} => {1 + 2 = 3} o {12 - 9 = 3}
   6 * 2 = 12 ; {> 9} => {1 + 2 = 3} o {12 - 9 = 3}
   7 * 2 = 14 ; {> 9} => {1 + 4 = 5} o {14 - 9 = 5}
   1 * 2 = 2
   2 * 2 = 4
   8 * 2 = 16 ; {> 9} => {1 + 6 = 7} o {16 - 9 = 7}

PASO 4. Ahora sumamos los resultados anteriores con los números de las posiciones pares.

   {} => Nuevo resultado.
   Suma = {8} + 8 + {1} + 7 + {3} + 9 + {3} + 1 + {5} + 9 + {2} + 9 + {4} + 5 + {7} + 9
   Resultado: 90

PASO 5. Si el resultado anterior es múltiplo de 10, entonces es válido.

```
<!DOCTYPE html>
<html lang="es">
<head>
    <meta charset="UTF-8">
    <title>ejer7</title>
</head>
<body>
<form action="" onsubmit="return false">
    Seleccionar un tipo de tarjeta: <br>
    <select name="tipoTarjeta" id="tipoTarjeta">
        <option value="mastercard">Mastercard</option>
        <option value="visa">Visa</option>
        <option value="americanExpress">American Express</option>
        <option value="discover">Discover</option>
    </select><br>

    Numero de la tarjeta: <br>
    <input type="text" id="numTarjeta" name="numTarjeta" onblur="validarTarjeta()">
    <span id="mensajeTarjeta"></span><br>
```

```html
        <input type="submit" value="Enviar" id="enviar"
onclick="validacionFinalTarjeta()"> <input type="button" value="Cancelar"
id="cancelar">
</form>
```

```javascript
<script>
    function validarTarjeta(){
        var tipoTarjeta=document.getElementById("tipoTarjeta").value;
        var numTarjeta= document.getElementById("numTarjeta").value;
        var mensaje=document.getElementById("mensajeTarjeta");
        var tarjetaCorrecta=true;
        var mensajeError="";

        if (numTarjeta.trim()==""){
            mensajeError="campo vacio";
            tarjetaCorrecta=false;
        }else if(isNaN(numTarjeta.trim())){
            mensajeError="Solo se admiten numeros";
            tarjetaCorrecta=false;
        }else{
            switch(tipoTarjeta){
                case "mastercard":
                    if(numTarjeta.trim().length!=16 ||
                    (numTarjeta.trim().substr(0,2)!="51" &&
                    numTarjeta.trim().substr(0,2)!="55")) {
                            mensajeError = "Tarjeta no valida";
                            tarjetaCorrecta = false;
                        }
                    break;
                case "visa":
                    if((numTarjeta.trim().length!=16 &&
                    numTarjeta.trim().length!=13)|| numTarjeta.trim().substr(0,1)!="4"
                    ) {
                        mensajeError = "Tarjeta no valida";
                        tarjetaCorrecta = false;
                    }
                    break;
                case "americanExpress":
                    if(numTarjeta.trim().length!=16 ||
                    (numTarjeta.trim().substr(0,2)!="34" &&
                    numTarjeta.trim().substr(0,2)!="37")) {
                        mensajeError = "Tarjeta no valida";
                        tarjetaCorrecta = false;
                    }
                    break;
                case "discover":
                    if(numTarjeta.trim().length!=16 ||
                    (numTarjeta.trim().substr(0,4)!="6011" &&
                    numTarjeta.trim().substr(0,3)!="644" &&
                    numTarjeta.trim().substr(0,2)!="65")) {
                        mensajeError = "Tarjeta no valida";
                        tarjetaCorrecta = false;
                    }
                    break;
            }
        }
        if (tarjetaCorrecta){
            mensaje.innerHTML="correcto";
            mensaje.style.color="green";
        }else{
            mensaje.innerHTML=mensajeError;
            mensaje.style.color="red";
        }
        return tarjetaCorrecta;
    }

    function validacionFinalTarjeta() {
        var mensaje=document.getElementById("mensajeTarjeta");
        if (validarTarjeta()){
            var numTarjeta= document.getElementById("numTarjeta").value;
            var resultadoFinal=0;
            for (var i=0;i<numTarjeta.trim().length;i+=2){
                var resultadoOperacion=numTarjeta[i]*2;
```

```
                    if(!!numTarjeta[i+1]){
                        if(resultadoOperacion>9){
                            resultadoFinal+=parseInt((resultadoOperacion-
                            9))+parseInt(numTarjeta[i+1]);
                        }else{
                            resultadoFinal+=parseInt(resultadoOperacion)+parseInt(numTa
                            rjeta[i+1]);
                        }
                    }else{
                        if(resultadoOperacion>9){
                            resultadoFinal+=parseInt((resultadoOperacion-9));
                        }else{
                            resultadoFinal+=parseInt(resultadoOperacion);
                        }
                    }
                }
                if((resultadoFinal%10)==0){
                    mensaje.innerHTML="Todo correcto";
                    mensaje.style.color="green";
                }else{
                    mensaje.innerHTML="No fue correcto";
                    mensaje.style.color="red";
                }
            }
        }
    </script>
    </body>
    </html>
```

RESULTADO

Seleccionar un tipo de tarjeta:

| Mastercard ⌄ |

Numero de la tarjeta:

| 5105105105105100 | Todo correcto

| Enviar | Cancelar |

Seleccionar un tipo de tarjeta:

| Visa ⌄ |

Numero de la tarjeta:

| 4242424242424242 | Todo correcto

| Enviar | Cancelar |

Seleccionar un tipo de tarjeta:

| Discover ⌄ |

Numero de la tarjeta:

| 6011111111111117 | Todo correcto

| Enviar | Cancelar |

Ejercicio 7: Validación de los campos de un formulario.

Crear el código JavaScript que cumpla con las siguientes funciones:

a) Si la longitud (número de caracteres) del campo nombre es mayor de 15 o igual a cero, el formulario no se enviará.

b) Si la longitud (número de caracteres) del campo apellidos es mayor de 30 o igual a cero, el formulario no se enviará.

c) Si la longitud (número de caracteres) del campo email es mayor de 35 o igual a cero, el formulario no se enviará. Si el email no contiene el carácter @ el formulario no se enviará.

d) Si se produce cualquiera de las circunstancias anteriores, debe aparecer un recuadro con color de fondo naranja y texto negro a la derecha de la casilla de introducción de datos, informando del problema detectado en ese campo (si es que ese campo presenta algún problema).

Nota: Todos los mensajes se deben mostrar sólo si el campo es erróneo después de pulsado el botón enviar, y deben desaparecer si el usuario realiza un nuevo intento y el campo es correcto. Los mensajes se incorporarán al DOM (no serán mensajes usando alert).

Ejemplo de ejecución. El usuario deja el nombre, apellidos y correo electrónico vacíos. A la derecha de las casillas de introducción de datos aparecerá: El nombre no puede estar vacío. Los apellidos no pueden estar vacíos. El correo electrónico no puede estar vacío.

```
<html>
```

```html
<head>
    <title>UT 4 - Ejercicio 8</title>
    <meta charset="UTF-8">
    <meta name="viewport" content="width=device-width, initial-scale=1.0">
    <script src="ejercicio7-2.js"></script>
</head>
<body>
    <form action="" method="get" name="formulario" onsubmit="return validar()"
    id="formularioLuci">
            <label for="nombre">Nombre</label><br>
            <input type="text" name="nombre" value="" id="nombre"
            onblur="validarNombre()">
            <span id="mensajeNombre"></span><hr>

            <label for="apellido">Apellido</label><br>
            <input type="text" name="apellido" value="" id="apellido"
            onblur="validarApellido()">
            <span id="mensajeApellido"></span><hr>

            <label for="email">Email</label><br>
            <input type="text" name="email" value="" id="email"
            onblur="validarEmail()">
            <span id="mensajeEmail"></span><hr>
            <input type="submit" name="enviar" value="Enviar" id="enviar">
    </form>
</body>
</html>
```

ejercicio7-2.js

```javascript
function validarNombre(){
    //Validacion campo Nombre
    var nombre=document.getElementById("nombre").value;
    var mensajeNombre=document.getElementById("mensajeNombre");
    var error="";
    var todoOk=true;
    if(nombre.length>15){
        todoOk=false;
        error="El nombre no puede contener mas de 15 caracteres"
    }else if(nombre.trim()==""){
        todoOk=false;
        error="El nombre no puede estar vacio";
    }
    if(!todoOk) {
        mensajeNombre.style.color="black";
        mensajeNombre.style.background="orange";
        mensajeNombre.textContent=error;
    }else{
        console.log(nombre);
    }
}
function validarApellido(){
    //Validacion Campo Apellido
    var apellido=document.getElementById("apellido").value;
    var mensajeApellido=document.getElementById("mensajeApellido");
    var error="";
    var todoOk=true;
    if(apellido.length>30){
        todoOk=false;
        error="El apellido no puede tener mas de 30 caracteres";
    }else if(apellido.trim()==""){
        todoOk=false;
        error="El apellido no puede estar vacio";
    }
    if(!todoOk) {
        mensajeApellido.style.color="black";
        mensajeApellido.style.background="orange";
        mensajeApellido.textContent=error;
    }else{
        console.log(apellido);
    }
}

//Validacion campo Email
function validarEmail(){
```

```
        var email=document.getElementById("email").value;
        var mensajeEmail=document.getElementById("mensajeEmail");
        var patron=/@/;
        var error="";
        var todoOk=true;
        if(email.length>35){
            todoOk=false;
            error="El email no puede tener mas de 35 caracteres";
        }else if(email.trim()==""){
            todoOk=false;
            error="El email no puede estar vacio";
        }else if(!patron.test(email)){
            todoOk=false;
            error="El email debe contener el caracter @";
        }
        if(!todoOk) {
            mensajeEmail.style.color="black";
            mensajeEmail.style.background="orange";
            mensajeEmail.textContent=error;
        }else{
            console.log(email);
        }
        return todoOk;
    }

    function validar(){
        var todoOk=true;
         var correcto = true;
        if (!(validarNombre() && validarEmail() && validarApellido())) {
            todoOk = false;
        }
        return todoOk;
    }
```

SOLUCION 1

Nombre

| | El nombre no puede estar vacio |

Apellido

| | El apellido no puede estar vacio |

Email

| s | El email debe contener el caracter @ |

Enviar

Ejercicio 8: Diseño de formularios.

Dado el siguiente formulario del módulo de Diseño Web

Esto es la cabecera

Buy Tickets to the Web Developer Gala

Tickets are $10 each. Dinner packages are an extra $5. All fields are required.

┌─ Tickets and Add-ons ──┐
│   │
│ Number of Tickets Limit 8 │1│   │
│   │
│ Dinner Packages Serves 2 │1│   │
│   │
└──┘

┌─ Payment ──┐
│   │
│ Credit card number No spaces or dashes, please. │372000000000008│   │
│   │
│ Expiration date MM / MMYYYY │01/2018│   │
│   │
└──┘

┌─ Billing Address ──┐
│   │
│ Name │ex: John Q. Public│   │
│   │
│ Street Address │ex: 12345 Main Street, Apt 23│   │
│   │
│ City │ex: Anytown│   │
│   │
│ State │CA│   │
│   │
│ ZIP │?"12345"│   │
│   │
└──┘

│Buy Tickets!│

a) Establecer en el número de tickets valor por defecto 1, el valor máximo 10.
b) ***Dinner Packages Servesse*** utilizará un precio mínimo 1,00 el máximo de 200,00 Euros, pero el valor puede incrementarse de 0,5 en 0,5 se utilizará step.
c) El número de cuenta se utilizará el algoritmo de luhn, para comprobar la tarjeta de crédito y aparecerá al lado del campo el nombre del tipo de tarjeta que es (Visa,...).
d) Se leerá la dirección y obtendremos a partir de las abreviaturas que introduzca el usuario c/, avd., pza. la siguiente cadena Calle, avenida, plaza,...Se visualizará a la parte derecha del formulario.
e) Aparecerá una lista de las 52 provincias de España. Y se seleccionará una, la selección implica que escribiremos en el campo del Código Postal el código de la provincia, con lo cual el usuario solo deberá agregar los 3 caracteres restantes para completar la población del código postal. Esto 3 caracteres se concatenarán a los de la provincia.
f) Se puede colocar al lado del campo de ciudad un icono o un hipervínculo que contenga el enlace a una nueva ventana como la siguiente y seleccionar cualquiera de los siguientes valores.
g) Códigos Postales.

01 Araba/Álava	02 Albacete	03 Alicante	04 Almería	05 Ávila
06 Badajoz	07 Illes Balears	08 Barcelona	09 Burgos	10 Cáceres
11 Cádiz	12 Castellón	13 Ciudad Real	14 Córdoba	15 Coruña
16 Cuenca	17 Girona	18 Granada	19 Guadalajara	20 Guipúzcoa
21 Huelva	22 Huesca	23 Jaén	24 León	25 Lleída
26 La Rioja	27 Lugo	28 Madrid	29 Málaga	30 Murcia
31 Navarra	32 Ourense	33 Asturias	34 Palencia	35 Las Palmas
36 Pontevedra	37 Salamanca	38 S.C. Tenerife	39 Cantabria	40 Segovia
41 Sevilla	42 Soria	43 Tarragona	44 Teruel	45 Toledo
46 Valencia	47 Valladolid	48 Vizcaya	49 Zamora	50 Zaragoza
51 Ceuta	53 Melilla	AD Andorra		

Solución 1

```
<!DOCTYPE html>
<html lang="en">
<head>
```

```html
    <meta charset="UTF-8">
    <meta name="viewport" content="width=device-width, initial-scale=1.0">
    <meta http-equiv="X-UA-Compatible" content="ie=edge">
    <title>UT4- Ejercicio 9 </title>
</head>
    <body>
            <form>
                <fieldset>
                    <legend>Tickets and Add-ons</legend>
                    Number of ticks Limit 8
                    <input type="number" name="numTickets" id="numTickets"  /><br />
                    Dinner Packages Serves 2
                    <input type="number" name="dinnerPackages" id="dinnerPackages"
                    value="1" />
                </fieldset>

                <fieldset>
                    <legend>Payment</legend>
                    Credit card number No spaces or dashes, please
                    <input type="text" name="creditCard" id="creditCard" /><br />
                    Expiration date MM/MMYYYY
                    <input type="text" name="expirationDate" id="expirationDate" /><br
                    />
                </fieldset>

                <fieldset>
                    <legend>Billing Address</legend>
                    Name
                    <input type="text" name="name" id="name" /><br />
                    Street Address
                    <input type="text" name="address" id="address" /><a
                    id="texto"></a><br />
                    City
                    <input type="text" name="city" id="city" /><br />
                    State
                    <input type="text" name="state" id="state" /><br />
                    ZIP
                    <input type="text" name="zip" id="zip" /><br />
                </fieldset>
                <input type="submit" value="Buy Tickets" name="enviar"/>
            </form>
    </body>
      <script>
            var numTickets = document.getElementById("numTickets");
            numTickets.setAttribute("value","1");
            numTickets.setAttribute("min","1");
            numTickets.setAttribute("max","10");

            var dinnerPackages= document.getElementById("dinnerPackages");
            dinnerPackages.setAttribute("value","1");
            dinnerPackages.setAttribute("min","1");
            dinnerPackages.setAttribute("max","200");
            dinnerPackages.setAttribute("step","0.5");

            var address = document.getElementById("address");

            address.addEventListener("blur", function(){
                var direccion = address.value.split(" ");
                console.log(direccion);
                var texto = "";
                switch(direccion[0]){
                        case "c/":
                                texto = document.getElementById("texto");
                                console.log(texto);
                                texto.innerHTML = "Calle";
                        break;
                        case "avd":
                        texto = document.getElementById("texto");
                                console.log(texto);
                                texto.innerHTML = "Avenida";
                        break;
                        case "pza":
                                texto = document.getElementById("texto");
                                console.log(texto);
```

```
                                    texto.innerHTML = "Plaza";
                        break;
                }
        });
    </script>
</html>
```

RESULTADO:

```
┌─Tickets and Add-ons────────────────────────────────────┐
│  Number of ticks Limit 8 [1    ]                        │
│  Dinner Packages Serves 2 [2,5    ]                     │
└─────────────────────────────────────────────────────────┘
┌─Payment─────────────────────────────────────────────────┐
│  Credit card number No spaces or dashes, please [4242424242424242 ]│
│  Expiration date MM/MMYYYY [          ]  ⚠ Pago no seguro  Más información │
└─────────────────────────────────────────────────────────┘
┌─Billing Address─────────────────────────────────────────┐
│  Name         [              ]                          │
│  Street Address [              ]                        │
│  City         [              ]                          │
│  State        [              ]                          │
│  ZIP          [              ]                          │
└─────────────────────────────────────────────────────────┘
[ Buy Tickets ]
```

Ejercicio 9. ¿Cómo recuperar un dígito perdido de un número de tarjeta?

¿Cómo recuperar un dígito perdido de un número de tarjeta?

Escribir un formulario con tenga dos campos uno para introducir todos los número visibles y el segundo para indicar que número falta y la posición que ocupa, contando los dígitos de izquierda a derecha.

Partimos de: este algoritmo puede echarnos una mano en algún momento. Imaginemos que no recordamos un dígito del número de nuestra tarjeta (o que dudamos entre varios, que no lo tenemos claro), que recordamos todos los demás y que sabemos qué posición ocupa el que se nos ha olvidado. Entonces el algoritmo de Luhn nos ayuda a recuperar ese número.

Tomemos como ejemplo el número

3986X29557281742

Supongamos que ese es nuestro número de tarjeta, pero que no recordamos qué dígito es el que corresponde a la posición que ocupa X. Bien, para calcular cuál es ese dígito simplemente planteamos el algoritmo de Luhn fijándonos en si X ocupa una posición par o una impar y recordando que el resultado final debe ser igual a 0 módulo 10. En nuestro caso nos queda:

$A = 6 + 7 + 2X + 9 + 1 + 4 + 2 + 8 = 2X + 37$

$B = 9 + 6 + 2 + 5 + 7 + 8 + 7 + 2 = 46$

$A + B = 2X + 83$

Por tanto debe cumplirse que 2X+83 sea un múltiplo de 10. Bueno, no exactamente, ya que hay que recordar que si 2X es mayor o igual que 10 hay que sumar sus cifras.

EL valor que tiene X. Por un lado, si: entonces 2X=10 y el resultado sería 1+83 = 84 . No.

- X = 6: entonces 2X = 12 y el resultado sería 3 + 83 = 86. No.
- X = 7: entonces 2X = 14 y el resultado sería 5 +83 = 88. No.
- X = 8: entonces 2X = 16 y el resultado sería 7 + 83 = 90. Si.
- X = 9: entonces 2X = 18 y el resultado sería 9 + 83 = 92. No.

Con esto calculamos el dígito que nos faltaba. Era y el número de nuestra tarjeta quedaría así:

3986829557281742

```
<body>
    <form id="formulario">
        Numero de tarjeta:<br />
        <input type="text" name="numTarjeta" id="numTarjeta" />
        <br />
        <input type="button" value="Validar" name="Validar" id="Validar" />
```

```
            </form>
        <p id="texto">
        </p>
    <script>
        window.onload = function(){
                var boton = document.getElementById("Validar");
                boton.addEventListener("click",encontrarDigito);
        }
        function encontrarDigito(evt){
                var numTarjeta = document.getElementById("numTarjeta").value;
                var ArrayNumTarjeta = numTarjeta.split("");
                var posicionX;
                var A = 0;
                var B = 0;
                for(let i = 0; i < ArrayNumTarjeta.length; i=i+2){
                        if(ArrayNumTarjeta[i] == "X"){
                                posicionX = i;
                        }else {
                                A += unDigito(ArrayNumTarjeta[i]*2);
                        }
                }
                for(let j = 1; j < ArrayNumTarjeta.length; j=j+2){
                        if(ArrayNumTarjeta[j] == "X"){
                                posicionX = j;
                        }else{
                                B += parseInt(ArrayNumTarjeta[j]);
                        }
                }
        }
        function unDigito(num){
                return parseInt(num/10) + num % 10;
        }
    </script>
</body>
```

Ejercicio 10. Validar una expresión regular escrita en un formulario.

Se hace referencia a una matrícula antigua ej.: SA-2927-I.

La definición del formulario se introduce **<input>** en el campo **"id=matricula"** y una vez leído se pulsa el botón **"Analizar Matrícula"** y se llama a la función **analizaMatricula()**

```
<form id="miFormulario" action="" method="get">
    <p>Matrícula:
            <input type="text" id="matricula" />
        <br />
        <input type="button" value="Analizar Matrícula" onclick="analizaMatricula()" />
    </p>
</form>
```

La función "analizaMatricula()" , se recoge en la variable miMatricula el valor del campo que procede del elemento cuyo identificador es "matricula". Se define una variable local **expreg** con el valor de la expresión regular de todas las matriculas que comienzan por ^[A-Z]{1,2} Todas las que comienzan por uno o dos caracteres {1,2}, los que comienzan por caracteres ^ que solo contienen caracteres ente [A-Z] . Es seguido por un carácter \\s y por \\d{4} cuatro dígitos, termina en un carácter \\s y el último carácter o los últimos {3} tres caracteres pueden ser cualquier carácter menos vocales u otros caracteres que no se recogen en la siguiente expresión
([B-D]|[F-H]|[J-N]|[P-T]|[V-Z])

```
function analizaMatricula() {
        let miMatricula= document.getElementById("matricula").value;
        let   expreg = new RegExp("^[A-Z]{1,2}\\s\\d{4}\\s([B-D]|[F-H]|[J-N]|[P-T]|[V-
        Z]){3}$");

           if   (expreg.test(miMatricula))
                alert("La matrícula es correcta");
        else
                alert("La matrícula NO es correcta");
    }
```

Ejercicio 11: Creación de una expresión regular (TEORIA).

Para crear una expresión regular, puede utilizarse dos métodos:

a) La primera opción compila la expresión regular cuando se evalúa el script, por lo que es mejor cuando la expresión regular es una constante (delimitada por barras) y no va a variar a lo largo de la ejecución del programa.

        exp_reg1 = /^[0-9]+/;

La variable se convierte en una variable del tipo expresión regular, por tanto, puede usarse con ella el método test para validar la cadena.

        if(exp_reg1.test("123")==false)

b) La segunda opción compila la expresión regular en tiempo de ejecución (guardada en una variable de tipo cadena o en un campo de un formulario). Aquí los delimitadores son las comillas dobles, no las barras.

```
exp_reg2 = new RegExp("^[0-9]+");
// Ahora exp_reg2 es una variable que contiene una expresión regular.
exp_reg3 = new RegExp(formu.campo1.value);
// exp_reg3 tendrá como expresión regular el contenido del campo campo1 del
formulario formu.
exp_reg4 = new RegExp(cadena1);
// exp_reg4 tendrá como expresión regular el contenido de la variable de cadena
cadena1.
if(exp_reg3.test("123")==false)
// Ahora podrá usarse el método test en las va
```

```
Dado el siguiente código de formulario convertirlo o que se genere desde el DOM.
        <form method="post" action="tratamiento.php">
          <p>
                Marca las comidas que te gustan:<br/ >
                <input type="checkbox" name="patatas fritas" id="patatas fritas" />
                <label for="patatas
          fritas">Patatas fritas</label><br />
                <input type="checkbox" name="hamburguesa" id="hamburguesa" /> <label
          for="hamburguesa">Hamburguesa</label><br />
                <input type="checkbox" name="espinacas" id="espinacas" /> <label
          for="espinacas">Espinacas</label><br />
                <input type="checkbox" name="ostras" id="ostras" /> <label
          for="ostras">Ostras</label>
          </p>
        </form>
```

Marca las comidas que te gustan:

☐ Patatas fritas

☐ Hamburguesa

☐ Espinacas

☐ Ostras

Final del formulario

SOLUCIÓN 1:

```
        var formulario = document.createElement("form");
        formulario.setAttribute("action","tratamiento.php");
        formulario.setAttribute("method","post");
        document.body.appendChild(formulario);

        var p = document.createElement("p");
        var MsP = document.createTextNode("Marca las comidad que te gustan:");
        p.appendChild(MsP);
        formulario.appendChild(p);

        var br1 = document.createElement("br");
        p.appendChild(br1);

        var patatas= document.createElement("input");
        patatas.setAttribute("type","checkbox");
        patatas.setAttribute("name","patatas fritas");
        patatas.setAttribute("id","patatas fritas");
        p.appendChild(patatas);
```

```
var label1 = document.createElement("label");
label1.setAttribute("for","patatas fritas");
label1.innerHTML="Patatas fritas";
p.appendChild(label1);

var br2 = document.createElement("br");
p.appendChild(br2);

var hamburguesas= document.createElement("input");
hamburguesas.setAttribute("type","checkbox");
hamburguesas.setAttribute("name","Hamburguesa");
hamburguesas.setAttribute("id","Hamburguesa");
p.appendChild(hamburguesas);

var label2 = document.createElement("label");
label2.setAttribute("for","Hamburguesa");
label2.innerHTML="Hamburguesa";
p.appendChild(label2);

var br3 = document.createElement("br");
p.appendChild(br3);

var espinacas= document.createElement("input");
espinacas.setAttribute("type","checkbox");
espinacas.setAttribute("name","espinacas");
espinacas.setAttribute("id","espinacas");
p.appendChild(espinacas);

var label3 = document.createElement("label");
label3.setAttribute("for","espinacas");
label3.innerHTML="espinacas";
p.appendChild(label3);

var br3 = document.createElement("br");
p.appendChild(br3);

var ostras= document.createElement("input");
ostras.setAttribute("type","checkbox");
ostras.setAttribute("name","ostras");
ostras.setAttribute("id","ostras");
p.appendChild(ostras);

var label4 = document.createElement("label");
label4.setAttribute("for","ostras");
label4.innerHTML="ostras";
p.appendChild(label4);
```

Coger una formulario de validación de usuario y password más una o dos etiquetas de comentario y generarlo desde el DOM.

Nombre: ⬚   Password: ⬚

```
<form onsubmid="valida();" method="GET" action="pruebas.php"
name="ValidaClave">
<!-Introduzca el nombre del usuario o clave principal -->
<label for="nombre">Nombre:</label>
<input type="text" id="nombre" size="40">
<!-Introduzca el password -->
<label for="clave">Password:</label>
<input type="password" name="clave" size="12">
</from>
```

SOLUCIÓN:

```
addEventListener("load",function () {
    var cuerpo=document.body;
    var formulario=document.createElement("form");
    formulario.setAttribute("onsubmid",'valida();');
    formulario.setAttribute("method",'GET');
    formulario.setAttribute("action",'pruebas.php');
    formulario.setAttribute("name",'ValidaClave');
```

```javascript
        formulario.appendChild(document.createComment("Introduzca el nombre del usuario
        o clave principal"));

        var etiquetaNombre = document.createElement("label");
        etiquetaNombre.setAttribute("for","nombre");
        etiquetaNombre.innerHTML="Nombre:";
        formulario.appendChild(etiquetaNombre);

        var inputNombre = document.createElement("input");
        inputNombre.setAttribute("type","text");
        inputNombre.setAttribute("id","nombre");
        inputNombre.setAttribute("size","40");
        formulario.appendChild(inputNombre);
        formulario.appendChild(document.createElement("br"));

        formulario.appendChild(document.createComment("<!--Introduzca el password --
        >"));
        var etiquetaPass = document.createElement("label");
        etiquetaPass.setAttribute("for","clave");
        etiquetaPass.innerHTML="Password:";
        formulario.appendChild(etiquetaPass);

        var inputPass = document.createElement("input");
        inputPass.setAttribute("type","password");
        inputPass.setAttribute("id","clave");
        inputPass.setAttribute("size","12");
        formulario.appendChild(inputPass);
        formulario.appendChild(document.createElement("br"));

        cuerpo.appendChild(formulario);
    });
```

Ejercicio 12: Validación de Formulario

El objetivo es utilizar la definición de funciones invocadas por eventos para validar el contenido de los formularios. Estas funciones son invocadas directamente al producirse un evento.

```html
<!DOCTYPE html>
<html>
<head>
  <meta charset="utf-8">
  <meta name="viewport" content="width=device-width">
  <title>JS Bin</title>
  <script>
      function txtNombreOnchange(){
            window.status="Hola"+document.formu1.txtnombre.value;
      }

      function txtEdadOnblur(){
          var miformu=document.formu1;
          var txtMiedad=document.formu1.txtedad.value;
          if(isNaN(txtMiedad) == true){
            alert("Inserte una edad valida");
            miformu.txtedad.focus();
            miformu.txtedad.select();

          }
      }

    function botoncheckFormOnClick(){
      var miformu=document.formu1;
      if(miformu.txtedad.value == "" || miformu.txtnombre.value == ""){
          alert("Campos vacios");
          if(miformu.txtnombre.value == ""){
              miformu.txtnombre.focus();
          }else{
              miformu.txtedad.focus();
          }
      }else{
        alert("Campos correctos");
      }
    }
```

```
        function envioOnSubmit(){
                var envio = confirm("Confirmar el envio");
                if(envio){
                        document.getElementById("envioForm").submit();
                }else{
                        alert("Envio cancelado");
                }
        }

        function limpiarcampos(){
                document.getElementById("envioForm").reset();
        }

        function autocompletar(){
                document.getElementById("envioForm").autocomplete="on";
        }
    </script>
</head>
<body>
        <form name="formu1" id="envioForm">
        Por favor introduce la siguiente informacion <br />
                <input type="text" name="txtnombre" onchange="txtNombreOnchange()" />
                <input type="text" name="txtedad" onblur="txtEdadOnblur()" size="3"
                maxlength="3" />
                <input type="button" value="verificar" name="botoncheckFormu1"
                onclick="botoncheckFormOnClick()"/>
                <input type="button" value="Envio de datos" onclick="envioOnSubmit()"/>
                <input type="button" value="Limpiar campos" onclick="limpiarcampos()"/>
                <input type="button" value="Autocompletado" onclick="autocompletar()"/>
        </form>
</body>
</html>
```

Por favor introduce la siguiente informacion

| | | verificar | Envio de datos | Limpiar campos | Autocompletado |

Ejercicio 13: Lista de expresiones Regulares.

1. Contraseñas válidas.

`^(?=.*[A-Z].*[A-Z])(?=.*[!@#$&*])(?=.*[0-9].*[0-9])(?=.*[a-z].*[a-z].*[a-z]).{8}$`

Código muy útil para saber si una contraseña es lo bastante segura. Con este código te ahorrarás el escribir tu propio corrector de contraseñas desde cero.

2. Color Hexadecimal.

`#([a-fA-F]|[0-9]){3, 6}`

Ya sabéis que para establecer colores en el desarrollo web, es necesario que estén formateados en hexadecimal. Si le estamos solicitando a un usuario que ingrese un color en hexadecimal, tendremos que comprobar si lo ha hecho correctamente. Y qué mejor para ello que hacerlo mediante este código.

3. Validar dirección de email.

`/[A-Z0-9._%+-]+@[A-Z0-9-]+.+.[A-Z]{2,4}/igm`

Una de las tareas más comunes para un desarrollador es comprobar si una cadena está formateada con el estilo de una dirección de correo electrónico. Hay muchas maneras distintas para llevar a cabo esta tarea, pero esta creemos que es la más ligera de todas las que he conocido.

4. Dirección IPv4.

`/b(?:(?:25[0-5]|2[0-4][0-9]|[01]?[0-9][0-9]?).){3}(?:25[0-5]|2[0-4][0-9]|[01]?[0-9][0-9]?)b/`

Esta expresión regular comprobará una cadena para ver si se sigue la sintaxis de direcciones IPv4.

5. Dirección IPv6.

`((([0-9a-fA-F]{1,4}:){7,7}[0-9a-fA-F]{1,4}|([0-9a-fA-F]{1,4}:){1,7}:|([0-9a-fA-F]{1,4}:){1,6}:[0-9a-fA-F]{1,4}|([0-9a-fA-F]{1,4}:){1,5}(:[0-9a-fA-F]{1,4}){1,2}|([0-9a-fA-F]{1,4}:){1,4}(:[0-9a-fA-F]{1,4}){1,3}|([0-9a-fA-F]{1,4}:){1,3}(:[0-9a-fA-F]{1,4}){1,4}|([0-9a-fA-F]{1,4}:){1,2}(:[0-9a-fA-`

```
F]{1,4}){1,5}|[0-9a-fA-F]{1,4}:((:[0-9a-fA-F]{1,4}){1,6})|:((:[0-9a-fA-
F]{1,4}){1,7}|:)|fe80:(:[0-9a-fA-F]{0,4}){0,4}%[0-9a-zA-
Z]{1,}|::(ffff(:0{1,4}){0,1}:){0,1}((25[0-5]|(2[0-4]|1{0,1}[0-9]){0,1}[0-
9]).){3,3}(25[0-5]|(2[0-4]|1{0,1}[0-9]){0,1}[0-9])|([0-9a-fA-
F]{1,4}:){1,4}:((25[0-5]|(2[0-4]|1{0,1}[0-9]){0,1}[0-9]).){3,3}(25[0-
4]|1{0,1}[0-9]){0,1}[0-9]))
```
Esta expresión regular comprobará una cadena para ver si se sigue la sintaxis de direcciones IPv6.

6. Separador de miles.

```
/d{1,3}(?=(d{3})+(?!d))/g
```

Los sistemas de numeración tradicionales requieren una coma, un punto, o algún otro símbolo en cada tres dígitos. Este código regex funciona con cualquier número y aplicará cualquier marca que elijas para cada tres dígitos separando entre miles, millones, etc.

7. Anteponer HTTP a enlace.

```
if (!s.match(/^[a-zA-Z]+:\/\//))
{
    s = 'http://' + s;
}
```

Independientemente del lenguaje en que trabajes (JavaScript, Ruby o PHP), esta expresión regular puede resultar muy útil. Comprobará cualquier cadena URL para ver si tiene un prefijo HTTP / HTTPS, y si no, lo antepone en consecuencia.

8. Obtener nombre de dominio.

```
/https?:\/\/(?:[-w]+.)?([-w]+).w+(?:.w+)?\/?.*/
```

Un dominio puede contener el protocolo inicial (HTTP o HTTPS) aparte de un subdominio, más la ruta adicional de la página. Puedes utilizar este fragmento para eliminar todo eso y quedarte sólo con el nombre del dominio sin las demás florituras.

9. Ordenar palabras clave por número de palabras.

^[^s]*$	coincide exactamente con la palabra clave de 1 palabra
^[^s]*s[^s]*$	coincide exactamente palabra clave de 2 palabras
^[^s]*s[^s]*	coincide con las palabras clave de al menos 2 palabras (2 y más)
^([^s]*s){2}[^s]*$	coincide exactamente palabra clave de 3 palabras
^([^s]*s){4}[^s]*$	coincide con las palabras clave de 5 palabras y más (cola larga)

Los usuarios de Google Analytics y Webmaster Tools van a disfrutar con esta expresión regular. Puedes ordenar y organizar las palabras clave, basándote en el número de palabras que se utilizan en una búsqueda. Esto puede ser numéricamente específico (es decir, sólo 5 palabras) o puede coincidir con una serie de palabras (es decir, 2 o más palabras). Cuando se utiliza para ordenar los datos de análisis, se convierte en una poderosa expresión regular.

10. Encontrar una cadena Base64 en PHP.

```
?php[ t]eval(base64_decode('(([A-Za-z0-9+/]{4})*([A-Za-z0-9+/]{3}=|[A-Za-z0-
9+/]{2}==)?){1}'));
```

Si eres desarrollador de PHP, en algún momento puede que tengas que parsear el código en busca de objetos binarios codificados en Base64. Este fragmento se puede aplicar a todo el código PHP y comprueba que no existan cadenas Base64.

11. Quitar espacios.

```
/^[ s]+|[ s]+$/
```

Un método muy útil de formatear los inputs para guardar en base de datos, hacer consultas o insertarlos dentro de un documento.

12. Extraer ruta de la imagen.

```
/<*[img][^>]*[src]*=*["'］{0,1}([^"'>]*)/
```

Si por alguna razón necesitas extraer el src de una imagen directamente desde HTML, este fragmento de código es la solución perfecta.

13. Validar fecha en formato dd/mm/YYYY.

```
/^(?:(?:31(\/|-|.)(?:0?[13578]|1[02]))1|(?:(?:29|30)(\/|-|.)(?:0?[1,3-9]|1[0-
2])2))(?:(?:1[6-9]|[2-9]d)?d{2})$|^(?:29(/|-|.)0?23(?:(?:(?:1[6-9]|[2-
9]d)?(?:0[48]|[2468][048]|[13579][26])|(?:(?:16|[2468][048]|[3579][26])00))))
$|^(?:0?[1-9]|1d|2[0-8])(\/|-|.)(?:(?:0?[1-9])|(?:1[0-2]))4(?:(?:1[6-9]|[2-
9]d)?d{2})$/
```

Las fechas son datos difíciles, ya que pueden aparecer como texto + números, o simplemente como números con diferentes formatos. PHP tiene una función de fecha fantástica, pero no siempre es la mejor opción. Considera utilizar esta expresión regular desarrollada para esta sintaxis de fecha específica.

14. Extraer ID de vídeo de YouTube

```
/http:\/\/(?:youtu.be\/|(?:[a-z]{2,3}.)?youtube.com\/watch(?:\?|#!)v=)([w-
]{11}).*/gi
```

YouTube ha mantenido la misma estructura de URL durante años porque simplemente funciona. Es también el sitio más popular para compartir videos en la web, por lo que los vídeos de YouTube tienden a conducir más tráfico. Si necesita extraer el ID de un vídeo de YouTube desde una URL, este código regex es perfecto y debería funcionar perfectamente para todas las variantes de estructuras URL de YouTube.

15. Validar ISBN

```
/b(?:ISBN(?::?|))?((?:97[89])?d{9}[dx])b/i
```

Los libros siguen un sistema numérico conocido como ISBN. A través de este regex puedes validar si un input de un usuario es válido como ISBN o no.

16. Comprobar Código Postal.

```
/^d{5}(?:[-s]d{4})?$/
```

Pues creo que no hay nada más que explicar. Esta expresión regular comprueba si una cadena puede ser considerada como un código postal de USA.

17. Validar nombre de usuario de Twitter.

```
/@([A-Za-z0-9_]{1,15})/
```

Imaginemos que solicitamos a través de un formulario a un usuario que nos ingrese su nombre de usuario en Twitter. Si queremos comprobar el dato dado es correcto como nombre de usuario en Twitter, podemos utilizar esta expresión regular.

18. Encontrar atributos CSS.

```
/^s*[a-zA-Z-]+s*[:]{1}s[a-zA-Z0-9s.#]+[;]{1}/
```

Es raro ejecutar expresiones regulares sobre CSS, pero tampoco es una situación muy extraña. Este fragmento de código se puede utilizar para extraer todas las propiedades y valores CSS de selectores individuales. Se puede utilizar para un sinfín razones, posiblemente para ver fragmentos de CSS o eliminar propiedades duplicadas, por ejemplo.

19. Comprobar tarjeta de crédito.

```
/^(?:4[0-9]{12}(?:[0-9]{3})?|5[1-5][0-9]{14}|6(?:011|5[0-9][0-9])[0-9]{12}
|3[47][0-9]{13}|3(?:0[0-5]|[68][0-9])[09]{11}|(?:2131|1800 |35d{3})d{11})$/
```

La validación de un número de tarjeta de crédito, a menudo requiere de una plataforma segura alojada en otros servidores. Pero las expresiones regulares también se pueden utilizar para validar los requisitos mínimos de un número típico de tarjeta de crédito.

20. URL de perfil de Facebook.

```
/(?:http:\/\/)?(?:www.)?facebook.com\/(?:(?:w)*#!\/)?(?:pages\/)?(?:[w-]*\/)*([w-
]*)/
```

Facebook es muy popular y ha pasado por muchos esquemas de URL diferentes. Este fragmento comprueba si una URL de usuario dada es correcta o no, en el momento actual que estamos, claro...

21. Comprobar la versión de Internet Explorer.

```
/^.*MSIE[5-8](?:.[0-9]+)?(?!.*Trident\/[5-9].0).*$/
```

Este regex puede utilizarse en JavaScript para comprobar qué versión de Internet Explorer (5-11) está siendo utilizado.

22. Extraer precio.

Los precios vienen en una variedad de formatos que pueden contener decimales, comas y símbolos de moneda. Esta expresión regular puede comprobar todos estos diferentes formatos para sacar el precio de cualquier cadena.

```
/(\$[0-9,]+(.[0-9]{2})?)/
```

23. Parsear cabeceras de email.

Con esta sola línea de código puedes analizar a través de un encabezado de correo electrónico el campo "a:" de la información de la cabecera.

```
/b[A-Z0-9._%+-]+@(?:[A-Z0-9-]+.)+[A-Z]{2,6}b/i
```

24. Encontrar una extensión específica.

Cuando trabajas con diferentes formatos de archivo como .xml, .html y .js, puedes comprobar los archivos tanto a nivel local como los subidos por los usuarios. Este fragmento extrae la extensión de un archivo para comprobar si es válida a partir de una serie de extensiones válidas que puedes cambiar según sea necesario.

```
/^(.*.(?!(htm|html|class|js)$))?[^.]*$/i
```

25. Añadir rel="nofollow" a enlaces.

```
/(<as*(?!.*brel=)[^>]*)(href="https?:\/\/)((?!(?:(?:www.)?'.implode('|(?:www.
)?',$follow_list).'))[^"]+)"((?!.*brel=)[^>]*)(?:[^>]*)>/
```

Este regex puede comprobar todos los enlaces de un bloque de HTML y añadir el atributo rel = "nofollow" a cada elemento.

24. Comienza, continua y termina en números, útil para filtrar los famosos ids.

```
numeros = /^[0-9]+$/;
```

25. Analizar que sólo se escriben letras, pero esto no incluye los acentos, así que si introduces á no es correcto.

```
letras = /^[a-zA-Z]+$/;
```

26. Comprobar que lo escrito son caracteres latinos(acentos), espacios y guiones bajos. El espacio se indica con \s.

```
letras_latinas = /^[0-9a-zA-ZáéíóúàèìòùÀÈÌÒÙÁÉÍÓÚñÑüÜ_\s]+$/;
```

Analizar la escritura de campos de correo emails, válidos pueden ser: miemail@gmail.com, mi.email@gmail.es, ...

```
email = /^[a-zA-Z0-9\._-]+@[a-zA-Z0-9-]{2,}[.][a-zA-Z]{2,4}$/;
```

27. Analizar un passwords que tienen que contener tanto números como letras.

```
password = /^([a-z]+[0-9]+)|([0-9]+[a-z]+)/i;
//Validar password
passwordRegex = /^[a-z0-9_-]{6,18}$/;
```

28. Escritura correcta de una URL.

```
url = /^(ht|f)tps?:\/\/\w+([\.\-\w]+)?\.([a-z]{2,6})?([\.\-\w\/_]+)$/i;
//Buscar una url
urlRegex = /^(https?:\/\/)?([\da-z\.-]+)\.([a-z\.]{2,6})([\/\w \.-]*)*\/?$/;
```

29. Escritura correcta para localhost, con protocolo http.

```
localhost = /^http:\/\/(localhost|127\.0\.0\.1)/;
```

30. Buscar nombre de dominio (con HTTP)

```
domainRegex = /(.*?)[^w{3}\.]([a-zA-Z0-9]([a-zA-Z0-9\-]{0,65}[a-zA-Z0-9])?\.)
+[a-zA-Z]{2,6}/igm;
```

31. Buscar nombre de dominio (sólo con www.)

```
domainRegex = /[^w{3}\.]([a-zA-Z0-9]([a-zA-Z0-9\-]{0,65}[a-zA-Z0-9])?\.)+[a-
zA-Z]{2,6}/igm;
```

32. Buscar nombre de dominio alternativo

```
domainRegex = /(.*?)\.(com|net|org|info|coop|int|com\.au|co\.uk|
org\.uk|ac\.uk|)/igm;
```

33. Buscar subdominios: www, dev, int, stage, int.travel, stage.travel.

```
subDomainRegex = /(http:\/\/|https:\/\/)?(www\.|dev\.)?(int\.|stage\.)
?(travel\.)?(.*)+?/igm;
```

34. Analizar qué es correcto el código postal.

```
codigo_postal = /^([1-9]{2}|[0-9][1-9]|[1-9][0-9])[0-9]{3}$/;
```

35. Analizar si es correcto el Documento NIF.

```
NIF = /^\d{8}[a-zA-Z]{1}$/;
```

36. Analizar si es correcto el Documento CIF.

```
CIF = /^[a-zA-Z]{1}\d{7}[a-zA-Z0-9]{1}$/;
```

37. Analizar si es correcto el documento NIE.

```
NIE = /^[XxTtYyZz]{1}[0-9]{7}[a-zA-Z]{1}$/;
```

38. Comprobar que es correcta la Tarjetas de crédito VISA.

```
VISA = /^4[0-9]{3}-?[0-9]{4}-?[0-9]{4}-?[0-9]{4}$/;
```

39. Comprobar que es correcto el número de la Tarjetas de crédito MASTERCARD.

```
MASTERCARD = /^5[1-5][0-9]{2}-?[0-9]{4}-?[0-9]{4}-?[0-9]{4}$/;
```

40. Comprobar que el formato e fecha es correcta ej: 13/06/2018.

```
fecha = /^([0-9]{2}\/[0-9]{2}\/[0-9]{4})$/;
```
Buscar Fecha (e.g. 21/3/2006)
```
dateRegex = /(\d{1,2}\/\d{1,2}\/\d{4})/gm;
```
Buscar Fecha en formato MM/DD/YYYY
```
dateMMDDYYYYRegex = /^(0[1-9]|1[012])[- \/.](0[1-9]|[12][0-9]|3[01])[-
\/.](19|20)\d\d$/;
```
Buscar fecha en formato DD/MM/YYYY
```
dateDDMMYYYYRegex = /^(0[1-9]|[12][0-9]|3[01])[- \/.](0[1-9]|1[012])[-
\/.](19|20)\d\d$/;
```

41. Comprueba que los número son enteros y decimales.

```
floatRegex = /[-+]?([0-9]*\.[0-9]+|[0-9]+)/;
```

42. Comprueba un número entre 1 y 50.

```
number1to50Regex = /(^[1-9]{1}$|^[1-4]{1}[0-9]{1}$|^50$)/gm;
```

43. Validar nombre.

```
usernameRegex = /^[a-z0-9_-]{3,16}$/;
```
Validar números de teléfono
```
phoneNumber = /^[0-9-()+]{3,20}/;
```
44. Comprobar los formatos de los ficheros que se han seleccionados.
Buscar jpg, gif o png imagen
```
imageRegex = /([^\s]+(?=\.(jpg|gif|png))\.\2)/gm;
```
Buscar todas las imagenes
```
imgTagsRegex = /<img.+?src=\"(.*?)\".+?>/ig;
```
Buscar imagenes sólo con formato .png
```
imgPNG = /<img.+?src=\"(.*?.png)\".+?>/ig;
```
Buscar cadena RGB (color)
```
rgbRegex = /^rgb\((\d+),\s*(\d+),\s*(\d+)\)$/;
```
Buscar cadena hex (color)
```
hexRegex = /^#?([a-f0-9]{6}|[a-f0-9]{3})$/;
```
Buscar tags html (v1)
```
htmlTagRegex = /^<([a-z]+)([^<]+)*(?:>(.*)<\/\1>|\s+\/>)$/;
```
Buscar todos los .js incluidos
```
jsTagsRegex = /<script.+?src=\"(.+?\.js(?:\?v=\d)*).+?script>/ig;
```
Buscar todos los .css incluidos
```
cssTagsRegex = /<link.+?href=\"(.+?\.css(?:\?v=\d)*).+?>/ig;
```

ACTIVIDADES DE AMPLIACIÓN

1. Analizar las siguientes expresiones regulares.

   a) var miExpReg = /as?.a/

   b) var re = /ab+c/

   c) var re = new RegExp("ab+c")

   d) /([.*+?^${}()|\[\]\/\\])/g

   e) /\w+\s/g

   f) /([B-D]|[F-H]|[J-N]|[P-T]|[V-Z])/

   g) /\S+@\S+\.\S+/

   h) /(^[0-9\s\+\-])+$/

   i) /^(.+\@.+\..+)$/

   j) /[a-z0-9!#$%&'*+/=?^_`{|}~-]+(?:\.[a-z0-9!#$%&'*+/=?^_`{|}~-]+)*@(?:[a-z0-9](?:[a-z0-9-]*[az0-9])?\.)+[a-z0-9](?:[a-z0-9-]*[a-z0-9])?/

2. Crear un documento web con dos formularios.

Uno tendrá la información de alta para registrarse en una empresa de búsqueda de viajes. El segundo formulario tendrá los datos de registro de datos bancarios. El motivo de disponer de dos formularios es debido al procesamiento de la información en el servidor. La página del servidor, alta. Php se encargará de guardar los datos del alta de un nuevo usuario mientras que la página pasarelaPago.php almacenará información de pago asociada al usuario.

UNIDAD DE TRABAJO 6

Práctica 1: Gestión de eventos según la tecla pulsada.

Práctica 2: Gestión de eventos pulsados onkeyup, onkeydown, onkeypress.

Práctica 3: Gestión eventos onchage y onblur.

Práctica 4: Gestión eventos onchage, onblur y onsubmit <testarea>

Práctica 5: Gestión eventos onchage, onblur y onsubmit.

Ejercicios de refuerzo

onkeydown

u
u
u
u
uN
uN
uN
uN
uNa
uNa

onkeypress
onkeyup
onkeydown
onkeydown
onkeypress
onkeyup
onkeyup
onkeydown
onkeypress
onkeyup
onchange

Práctica 1: Gestión de eventos según la tecla pulsada

Eventos relacionados con el ratón

Tecla pulsada	Descripción
onClick	Hacer click sobre un elemento.
onDblclick	Hacer doble click sobre un elemento.
onMousedown	Se pulsa un botón del ratón sobre un elemento.
onMouseenter	El puntero del ratón entra en el área de un elemento.
onMouseleave	El puntero del ratón sale del área de un elemento.
onMousemove	El puntero del ratón se está moviendo sobre el área de un elemento.
onMouseover	El puntero del ratón se sitúa encima del área de un elemento.
onMouseout	El puntero del ratón sale fuera del área del elemento o fuera de uno de sus hijos.
onMouseup	Un botón del ratón se libera estando sobre un elemento.
contextMenu	Se pulsa el botón derecho del ratón (antes de que aparezca el menú contextual).
onWheel	El usuario ha movido la rueda del ratón

```
<!DOCTYPE html>
<html lang="es">
<head>
    <script>
    // function Visualiza(event)
    function  Visualiza(nombreEvento){
        // variable textoEscrito
        var  miMensaje=document.ventana.textoVisual.value;
        // inicializar la variable tecla pulsada
        var letra="";
        // miMensaje
        miMensaje = miMensaje + nombreEvento;
        //mostrar el mensaje en un área de texto
        letra=document.ventana.textoEscrito.value;
        document.ventana.textoVisual.value=miMensaje +letra;
    }
    </script>
</head>
<body>
    <p> Al hacer click sobre el enlace ver un mensaje </p>
    <form name="ventana">
        <textarea rows="15" cols="40" name="textoEscrito"
            onchange="Visualiza('onchange \n');"
            onkeydown="Visualiza('onkeydown \n');"
            onkeypress="Visualiza('onkeypress \n');"
            onkeyup="Visualiza('onkeyup \n');">
        </textarea>
        <textarea  rows="20" cols="40"  name="textoVisual"> </textarea>
        <input  type="button"  value="Limpiar la ventana de Eventos"
            name="buton1"  onclick="windows.document.ventana.textoVisual.value=''"/>
    </form>
</body>
</html>
```

RESULTADO:

Al hacer click sobre el enlace ver un mensaje

```
onkeydown
                        onkeypress
                        onkeyup
            u           onkeydown
            u           onkeydown
            u           onkeypress
            u           onkeyup
            uN          onkeyup
            uN          onkeydown
            uN          onkeypress
            uN          onkeyup
            uNa         onchange
            uNa
```

uNa

Limpiar la ventana de Eventos

Práctica 2: Gestión de eventos pulsados onkeyup, onkeydown, onkeypress.

Eventos relacionados con el teclado

Tecla pulsada	DESCRIPCIÓN
onChange	Se produce cuando el valor de un elemento se ha cambiado.
onKeydown	El usuario tiene pulsada una tecla (para elementos de formulario y body).
onKeypress	El usuario pulsa una tecla (momento justo en que la pulsa) (para elementos de formulario y body).
onKeyup	El usuario libera una tecla que tenía pulsada (para elementos de formulario y body).

```html
<!DOCTYPE html>
<html lang="es">
<head>
      <style type="text/css">
         body{font-family:arial, helvetica;}
         #info {width:560px;border:thin  solid silver; padding:.5em;position:fixed;}
         #info h1{margen:0;}
      </style>
      <script>
         // Cargar una función tipo evento en la secuencia de arranque.
         window.onload = function(){
                  document.onkeyup = muestrainformacion;
                  document.onkeydown= muestrainformacion;
                  document.onkeypress= muestrainformacion;
         }

         function muestrainformacion(elevento){
                  var    evento = window.event ||  elevento; // si pasas parámetro
                  var   mensaje="Tipo de evento :" + evento.type+"<br/>"+
                        "Propiedad KeyCode:" +evento.keyCode +"<br/>"+
                        "Propiedad CharCode:"+evento.charCode +"<br/>"+
                        "Carácter pulsado:"+String.fromCharCode(evento.charCode);
                  info.innerHTML+=" <br> --------------- <br>"+mensaje;
         }
      </script>

</head>
   <body>
      <div  id="info"> Salida</div>
      <br/><br/> <br/><br/><br/><br/><br/>
      <br/><br/><br/><br/><br/><br/><br/><br/><br/><br/>
      <br/><br/><br/><br/><br/><br/><br/><br/><br/><br/><br/>
   </body>
</html>
```

<u>RESULTADO:</u>

```
Salida
----------------
Tipo de evento :keydown
Propiedad KeyCode:72
Propiedad CharCode:0
Carácter pulsado:
----------------
Tipo de evento :keypress
Propiedad KeyCode:104
Propiedad CharCode:104
Carácter pulsado:h
----------------
Tipo de evento :keyup
Propiedad KeyCode:72
Propiedad CharCode:0
Carácter pulsado:
----------------
Tipo de evento :keydown
Propiedad KeyCode:76
Propiedad CharCode:0
Carácter pulsado:
----------------
Tipo de evento :keypress
Propiedad KeyCode:108
Propiedad CharCode:108
Carácter pulsado:l
----------------
Tipo de evento :keyup
Propiedad KeyCode:76
Propiedad CharCode:0
Carácter pulsado:
```

Práctica 3: Gestión de los eventos onchage y onblur.

Eventos relacionados con el foco

Tecla pulsada	Descripción
onChange	Se produce cuando el valor de un elemento se ha cambiado.
onBlur	Se ejecuta cuando el componente pierde el foco.
onFocus	El evento onFocus se ejecuta cuando un componente de nuestra web toma el foco

```html
<!DOCTYPE html>
<html>
<head>
<meta http-equiv="Content-Type" content="text/html; charset=iso-8859-1" />
<title> Ejemplo de los Eventos onchage y onblur</title>
<script>
function txtNombreOnchange(){
        // Visualizar en la línea de estado un mensaje
        window.status="Hola "+document.formu1.txtnombre.value;
        console.log=document.formu1.txtnombre.value;
}
function txtEdaOnblur(){
        var txtMiedad=document.formu1.textEdad;
          if (isNaN(txtMiedad.value) == true){
          // No hay valor introducido no es válido
                  alert("Inserte una edad Valida");
                      txtEdad.focus();      // fijar el foco para volver a pedir la edad
                      txtEdad.select();   // seleccionar el campo texto que tiene el foco.
          }
}
function botonChekFormOnclick(){
        // Creamos un objeto con el formulario
        var   miformu= document.formu1;
        // Analizar si los campos están vacios
        if  (miformu.txtEdad.value=="" || miformu.txtnombre.value==""){
                alert("POR FAVOR, Completa el formulario");
                // fijamos el foco en el primer campo.
                if(miformu.txtnombre.value==""){
                    miformu.txtnombre.focus();
                } else{
                        miformu.txtEdad.focus();
                }
        } else{
                alert("Gracias por contactar con nosotros. \n"+ miformu.txtnombre.value);
        }}
</script>
</head>
<body>
   <form name="formu1">
      Por favor introduzca la siguiente informaci&oacute;n
      <br/>
      Nombre :
      <br/>
       <!-- Deseleccionamos el elemento que se ha cambiado  */ -->
      <input type="text"  name="txtnombre" onchange="txtNombreOnchange()">
      <br/>
      Edad:
      <br/>
      <!-- Deseleccionamos el elemento    */ -->
      <input type="text" name="txtEdad" onblur="txtEdaOnblur()" size="3" maxlength="3">
      <br/>
      <input type="button" value="Verificar" name="botonCheckFormu1"
                  onclick="botonChekFormOnclick()">
   </form>
</body>
</html>
```

RESULTADO:

Por favor introduzca la siguiente información
Nombre :
| baldo |
Edad:
| 35 |
| Verificar |

Práctica 4: Gestión de los eventos onchage, onblur y onsubmit <testarea>

```html
<!DOCTYPE html>
<html>
<head>
        <meta http-equiv="Content-Type" content="text/html; charset=iso-8859-1" />
<title> Ejemplo de los Eventos onchage y onblur</title>

 <script>
        function txtNombreOnchange(){
                // Visualizar en la línea de estado un mensaje
                window.status="Hola "+document.formu1.txtnombre.value;
                console.log=document.formu1.txtnombre.value;
        }

        function txtEdaOnblur(){
                var txtMiedad=document.formu1.textEdad;
                   if (isNaN(txtMiedad.value) == true){
                        // No hay valor introduccido no es válido
                        alert("Inserte una edad Valida");
                        txtEdad.focus();      // fijar el foco para volver a pedir la edad
                        txtEdad.select();     // seleccionar el campo texto que tiene el foco.
                   }
        }

        function botonChekFormOnclick(){
                // Creamos un objeto con el formulario
                var   miformu= document.formu1;
                // Analizar si los campos están vacios
                if   (miformu.txtEdad.value=="" || miformu.txtnombre.value==""){
                        alert("POR FAVOR, Completa el formulario");
                        // fijamos el foco en el primer campo.
                        if(miformu.txtnombre.value==""){
                                miformu.txtnombre.focus();
                        }else{
                                miformu.txtEdad.focus();
                        }
                }else{
                        alert("Gracias por contactar con nosotros. \n"+
miformu.txtnombre.value);
                }
        }

        function EnvioOnSubmit(){
                // confirmar el envio
                var envio= confirm("Confirmar el envio");
                if (envio){
                        document.getElementById("formEnvio").submit();
                        // document.getElementsByName("formu1")[0].submit();
                }else{
                        alert("Envio Cancelado");
                }
        }

        function LimpiaCampos(){
                // Reiniciar los valores del formulario
                document.getElementById("formEnvio").reset();
        }
        function  EnvioSinValidar(){
                var  valida=document.getElementById("formEnvio").noValidate;
                alert("valor de envio"+valida);
        }
        function activaCompletado(){
            document.getElementById("formuEnvio").autocomplete="on";
        }

</script>
</head>
<body>
<form name="formu1" id="formEnvio" action="EnvioMensaje.php" >
        Por favor introduzca la siguiente informaci&oacute;n
        <br/>
        Nombre :
        <br/>
```

```
<!-- Deseleccionamos el elemento que se ha cambiado  */ -->
<input type="text"  name="txtnombre" onchange="txtNombreOnchange()">
<br/>
<label for="txtnombre" id="laNombre">Oblitario</label>
Edad:
<br/>
<!-- Deseleccionamos el elemento    */ -->
<input  type="text"  name="txtEdad"   onblur="txtEdaOnblur()" size="3" maxlength="3">
<br/>
<input type="button" value="Verificar" name="botonCheckFormul"
            onclick="botonChekFormOnclick()">
<input type="button"  value="Envio de Datos" onclick="EnvioOnSubmit()" >
<br/>
<input type="button" value="Limpiar Campos" onclick="LimpiaCampos()">
<br/>
<input type="button" value="Envio Formulario sin validar"
onclick="EnvioSinValidar()">
<br/>
<input type="button" value="Autocompletado Palabras" onclick="activaCompletado()">

</form>
</body>
</html>
```

RESULTADO:

Por favor introduzca la siguiente información
Nombre :

Oblitario Edad:

Verificar | Envio de Datos
Limpiar Campos
Envio Formulario sin validar
Autocompletado Palabras

Práctica 5: Gestión de los eventos onchage, onblur y onsubmit.

```
<!DOCTYPE html>
<html>
<head>
        <meta http-equiv="Content-Type" content="text/html; charset=iso-8859-1" />
        <title> Limitar n&uacute;mero de caracteres en textarea</title>
        <style type="text/css">
             body {font-family: arial, helvetica;}
        </style>

        <script>
        function limita(elEvento, maximoCaracteres) {
             // cadena escrita. id="texto"   textarea
             var elemento = document.getElementById("texto");
             // Obtener la tecla pulsada
             var evento = elEvento || window.event;
             var codigoCaracter = evento.charCode || evento.keyCode;
             // Permitir utilizar las teclas con flecha horizontal
             if(codigoCaracter == 37 || codigoCaracter == 39) {
                  return true;
             }
             // Permitir borrar con la tecla Backspace y con la tecla Supr.
             if(codigoCaracter == 8 || codigoCaracter == 46) {
                  return true;
             }
             //bloquear la escritura si se ha llegado 100 caracteres, bloquea el evento
             else if(elemento.value.length >= maximoCaracteres ) {
                  return false;
             }else {
                  return true;
             }
        }
```

```
        function actualizaInfo(maximoCaracteres) {
                var elemento = document.getElementById("texto"); //atributo id=texto
                var info = document.getElementById("info");   // leer del identificador  info
                // elemento pasado en textarea valor y  su longitud  >=100
                if(elemento.value.length >= maximoCaracteres ) {
                        info.innerHTML = "Máximo "+maximoCaracteres+" caracteres";
                        // MENSAJE DE ERROR  <div id > valor inicial y error
                }else {
                        //  Se visualiza el número de caracteres que faltan
                        info.innerHTML = "Puedes escribir hasta "+(maximoCaracteres-
                        elemento.value.length)+" caracteres adicionales";
                }
        }
        </script>
</head>

<body>

<div id="info">M&aacute;ximo 100 caracteres</div>
<textarea id="texto"
        onkeypress="return limita(event, 100);"
        onkeyup="actualizaInfo(100)"
        rows="6" cols="30"></textarea>

</body>
</html>
```

Esta propiedad `element.innerHTML` devuelve o establece la sintaxis HTML describiendo los descendientes del elemento.
insertar el código HTML en el documento en lugar de cambiar el contenido de un elemento, use el método *insertAdjacentHTML()*.

RESULTADO:

Puedes escribir hasta 75 caracteres adicionales

```
asdfasdfasdfcxzxcvzxcvxzc
```

TECNOLOGÍAS:

Bookmarklet

Se trata de "un marcador que, en lugar de apuntar a una dirección URL, hace referencia a una pequeña porción de código Javascript para ejecutar ciertas tareas automáticamente". Se puede explicar en principio se comporta como uno de nuestros Favoritos (de hecho, la idea es tenerlos en la barra de favoritos del navegador) pero es algo más que eso: son pequeñas aplicaciones que nos permiten aprovechar determinadas funciones y herramientas de una página web.

Actualmente se encuentran presentes en todas las páginas Web significativas.

Con bookmarklet puedes añadir cualquier cosa que te encuentres en cualquier tienda online a tu **wishlist** de Amazon. Sólo tienes que hacer clic en el bookmarklet en tu barra de favoritos mientras estás en la página del producto en concreto, y rellenar un sencillo formulario.

Las **funciones más relevantes** que nos permiten habilitar los bookmarklets[Wikipedia]:
- Modificar el **aspecto de una página web** en nuestro navegador.
- **Extraer contenido** de una web: enlaces, imágenes, texto…
- **Compartir una página** en redes sociales, acortadores de enlaces, etc.
- Realizar una **búsqueda** en cualquier buscador o motor de búsqueda.
- **Enviar una página** a un servicio web, como traductores, etc.
- Ver **opciones ocultas** de una página web.

Hay **bookmarklets de todo tipo**, para todos los gustos y necesidades. Ejemplos de bookmarklets son:
- Uso universal "**Universal Wishlist**" de Amazon.
- Para **compartir cosas en Facebook** (http:// www.facebook.com/share_options).
- Para acortar direcciones web con **bit.ly** (https://bitly.com/pages/tools), con **tinyurl.com** (https://tinyurl.com) o con **tr.im** (http://tr.im/websites/extras)
- Para crear versiones para **imprimir de cualquier web**. (https://css-tricks.github.io/The-Printliminator/)
- Para compartir cosas en **Tumblr** (https://www.tumblr.com/apps) o en Posterous (https://posterous.com).
- Para **convertir una página web en un documento PDF** (https://pdfmyurl.com).
- Para poner el fondo oscuro y las letras claras en las webs http://lab.arc90.com/experiments/readability/es/
- Se puede destruir toda una página web como si fuera el juego http://erkie.github.com

El bookmarklets de Quix, es un bookmarklet totalmente personalizable y expandible con el que puedes hacer un montón de cosas diferentes gracias a una serie de combinaciones de teclado.

Como crear un Bookmarklet

Es simplemente un link, que en lugar de saltar a una dirección, se usa una función de JavaScript:, o estructuras más complejas de forma secuencial.

```
<a href="javascript:alert('Soy un Bookmarklet')">Este es el enlace</a>
```
Agregando eventos:
```
<a href="javascript:onclick=alert('Arrastra este link a la barra de marcadores del navegador');return false;">Pulsa sobre este mensaje</a>
```

Crear Bookmarklets para seleccionar texto y realizar una acción

Seleccionar texto en una página y luego realizar una acción determinada, es posible utilizando la función getSelection() (solo en Firefox y Chrome).

Se declara una variable: **nombreVariable = función**

EJEMPLO 1: Seleccionar texto y muestra el resultado en una alerta, concatenando el valor de la variable *valorVariable*.
```
<a href="javascript:valorVariable=document.getSelection();
alert('Atención: '+valorVariable)">Ver el valor de la variable al hacer clic</a>
```
EJEMPLO 2: Visualizar un mensaje en la apertura de una nueva página con ***document.write***, se sobre escribe el contenido de la página:
```
<a href="javascript:valorVariable=window.getSelection();
document.write(''+valorVariable)">Ver la apertura de la nueva ventana sobrescrita</a>
```
EJEMPLO 3: Abre una nueva pestaña en el navegador con el resultado, la variable "varValorB" representa una nueva pestaña del navegador que se debe abrir.

```
<a href="javascript:varValorA=window.getSelection();
varValorB=window.open('http://www.google.com/search?q=' +
escape(varValorA));location.varValorB;">Seleccionar</a>
```
EJEMPLO 4: Se realiza una nueva selección empleando el código diferente para seleccionar el texto y abre en la misma pestaña por lo que funciona en todos los navegadores.
```
<a href="javascript:salida=''+(window.getSelection?window.getSelection()
:document.getSelection
?document.getSelection():document.selection.createRange().text);
if(salida!=null)location='http://www.google.com/search?salida='+escape(salida)">Reali
zar la busqueda al hacer CLIC</a>
```

Otros bookmarklets aconsejables

Un ejemplo de todo lo que permiten los bookmarklets es Greasemonkey, un gestor de scripts para alterar el funcionamiento y aspecto de cualquier sitio web.

- **Bookmarklets**: es uno de los primeros portales dedicados a recopilar fragmentos de código JavaScript para mejorar el navegador web. Según dice su propia página inicial, cuenta **con más de 150**.
- **Quix**: con este bookmarklet podrás realizar **todo tipo de tareas**, como realizar búsquedas en Google, Flickr, IMDB, Netflix o Amazon, compartir una página en Twitter o YouTube, etc.
- **Marklets**: es otro portal a tener en cuenta, con **buscador integrado** y una selección de los bookmarklets más populares.
- **7is7 Bookmarklets**: Aquí encontrarás algunos bookmarklets para obtener **información de sitios web**, consultar su relevancia en Google, validar si un sitio cumple con los estándares W3C, etc.

Específicos:

- **Click me**: cuenta caracteres, palabras y líneas del texto que selecciones.
- **PrintWhatYouLike**: editor para imprimir lo que realmente te interesa de una página.
- **Wordless Web**: elimina todo el texto de una página.
- **Colour Bookmark**: te indica todos los colores y tonalidades que usa una página.
- **WhatFont**: sitúa el puntero en cualquier texto y te dice el tipo de letra que usa, si pinchas te da más características como tamaños y código de color.
- **XRAY**: pincha en cualquier elemento y te dará todas sus características.
- **SpriteMe**: te muestra posibles sprites de una web y te permite verlos en una nueva ventana para guardarlos (ojo, se muestran arriba a la derecha de la página).
- **Favelet Suite**: listas con información de códigos.
- **Font dragr**: coge la tipografía que quieras de tu PC, arrástrala a este bookmarklet y elige qué fragmento de texto de la web modificar, para ver cómo se visualizaría.
- **Bitmark**: te da el código bit.ly de esa URL.
- **Resize**: te muestra cómo se ve una web en distintos dispositivos.

Para darle alegría

- **3D iT!**: para ver webs en 3D moviendo el puntero.
- **Print Friendly**: imprime sólo el área de interés y con clics eliminas elementos.
- **Kick ass**: una especie de 'Asteorids'. Usa los cursores para moverte y la barra espaciadora para eliminar elementos de una página.
-

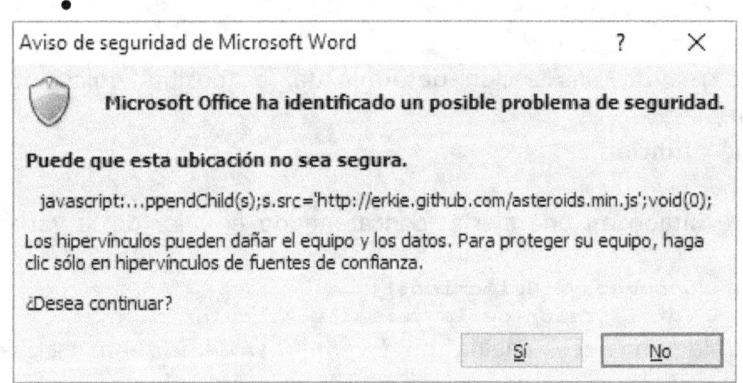

NOTA: En Windows 10 el acceso a muchas de estas páginas, se encuentran limitadas por el propio sistemas de seguridad y el antivirus

ANEXO I: ALGORITMOS DE ORDENACIÓN

QUICKSORT

```
function quicksort(primero,ultimo){
    //definimos variables índices
    i = primero
    j = ultimo

    // Se extrae el pivote de la mitad del array
    pivote = arreglo[parseInt((i+j)/2)];

    // Se repite hasta que i siga siendo menor que j
    do{

        // mientras array[i] sea menor a pivote
        while(arreglo[i]<pivote)
            i++;
            //mientras j sea mayor a pivote
            while(arreglo[j]>pivote)
                j--;

        //si i es menor o igual a j, los valores ya se cruzaron
        if(i<=j){
            //variable temporal auxiliar para guardar valor de arreglo[j]
            aux=arreglo[j];

            //intercambiamos los valores de arreglo[j] y arreglo[i]
            arreglo[j] = arreglo[i]
            arreglo[i] = aux

            // incrementamos y decrementamos j
            i++;
            j--;
        }

    }while(i<j);
        //si primero es menor a j llamamos la función nuevamente
        if(primero<j){
            quicksort(primero,j);
        }
        //si ultimo es mayor que i llamamos la función nuevamente
        if(ultimo>i){
            quicksort(i,ultimo);
        }
}

//arreglo a ordenar
arreglo=[10,9,19,8,1,12,14,24,34,54,5,4,2,99,2,3,1,0];

//llamamos la función mandando 0 en el primer parámetro
//y mandando la longitud del arreglo -1
quicksort(0,(arreglo.length-1));

//imprimimos para ver el resultado
alert(arreglo)
```

Anexo II: Códigos ISO 639-1 del idioma

ISO 639-1 define abreviaturas para los idiomas.

En HTML y XHTML que puedan ser utilizados en el lang y xml: lang atributos

Language	Código ISO		Language	Código ISO
Abkhazian	ab		Gujarati	gu
Afar	aa		Haitian Creole	ht
Afrikaans	af		Hausa	ha
Akan	ak		Hebrew	he
Albanian	sq		Herero	hz
Amharic	am		Hindi	hi
Arabic	ar		Hiri Motu	ho
Aragonese	an		Hungarian	hu
Armenian	hy		Icelandic	is
Assamese	as		Ido	io
Avaric	av		Igbo	ig
Avestan	ae		Indonesian	id, in
Aymara	ay		Interlingua	ia
Azerbaijani	az		Interlingue	ie
Bambara	bm		Inuktitut	iu
Bashkir	ba		Inupiak	ik
Basque	eu		Irish	ga
Belarusian	be		Italian	it
Bengali (Bangla)	bn		Japanese	ja
Bihari	bh		Javanese	jv
Bislama	bi		Kalaallisut, Greenlandic	kl
Bosnian	bs		Kannada	kn
Breton	br		Kanuri	kr
Bulgarian	bg		Kashmiri	ks
Burmese	my		Kazakh	kk
Catalan	ca		Khmer	km
Chamorro	ch		Kikuyu	ki
Chechen	ce		Kinyarwanda (Rwanda)	rw
Chichewa, Chewa, Nyanja	ny		Kirundi	rn
Chinese	zh		Kyrgyz	ky
Chinese (Simplified)	zh-Hans		Komi	kv
Chinese (Traditional)	zh-Hant		Kongo	kg
Chuvash	cv		Korean	ko
Cornish	kW		Kurdish	ku
Corsican	co		Kwanyama	kj
Cree	cr		Lao	lo
Croatian	hr		Latin	la
Czech	cs		Latvian (Lettish)	lv
Danish	da		Limburgish (Limburger)	li
Divehi, Dhivehi, Maldivian	dv		Lingala	ln
Dutch	nl		Lithuanian	lt
Dzongkha	dz		Luga-Katanga	lu
English	en		Luganda, Ganda	lg
Esperanto	eo		Luxembourgish	lb
Estonian	et		Manx	gv
Ewe	ee		Macedonian	mk
Faroese	fo		Malagasy	mg
Fijian	fj		Malay	ms
Finnish	fi		Malayalam	ml
French	fr		Maltese	mt
Fula, Fulah, Pulaar, Pular	ff		Maori	mi
Galician	gl		Marathi	mr
Gaelic (Scottish)	gd		Marshallese	mh
Gaelic (Manx)	gv		Moldavian	mo
Georgian	ka		Mongolian	mn
German	de		Nauru	na
Greek	el		Navajo	nv
Greek	el		Ndonga	ng
Greenlandic	kl		Northern Ndebele	nd
Guarani	gn		Nepali	ne

Language	Código ISO
Norwegian	no
Norwegian bokmål	nb
Norwegian nynorsk	nn
Nuosu	ii
Occitan	oc
Ojibwe	oj
Old Church Slavonic, Old Bulgarian	cu
Oriya	or
Oromo (Afaan Oromo)	om
Ossetian	os
Pāli	pi
Pashto, Pushto	ps
Persian (Farsi)	fa
Polish	pl
Portuguese	pt
Punjabi (Eastern)	pa
Quechua	qu
Romansh	rm
Romanian	ro
Russian	ru
Sami	se
Samoan	sm
Sango	sg
Sanskrit	sa
Serbian	sr
Serbo-Croatian	sh
Sesotho	st
Setswana	tn
Shona	sn
Sichuan Yi	ii
Sindhi	sd
Sinhalese	si
Siswati	ss
Slovak	sk
Slovenian	sl
Somali	so
Southern Ndebele	nr

Language	Código ISO
Spanish	es
Sundanese	su
Swahili (Kiswahili)	sw
Swati	ss
Swedish	sv
Tagalog	tl
Tahitian	ty
Tajik	tg
Tamil	ta
Tatar	tt
Telugu	te
Thai	th
Tibetan	bo
Tigrinya	ti
Tonga	to
Tsonga	ts
Turkish	tr
Turkmen	tk
Twi	tw
Uyghur	ug
Ukrainian	uk
Urdu	ur
Uzbek	uz
Venda	ve
Vietnamese	vi
Volapük	vo
Wallon	wa
Welsh	cy
Wolof	wo
Western Frisian	fy
Xhosa	xh
Yiddish	yi, ji
Yoruba	yo
Zhuang, Chuang	za
Zulu	zu

ANEXO III: Descripción de los eventos

Tipo de evento	Nombre con prefijo on (eliminar cuando proceda)	Descripción aprenderaprogramar.com
UIEvent (Relacionados con el ratón)	**onclick**	Click sobre un elemento.
	ondblclick	Doble click sobre un elemento.
	onmousedown	Se pulsa un botón del ratón sobre un elemento.
	onmouseenter	El puntero del ratón entra en el área de un elemento.
	onmouseleave	El puntero del ratón sale del área de un elemento.
	onmousemove	El puntero del ratón se está moviendo sobre el área de un elemento.
	onmouseover	El puntero del ratón se sitúa encima del área de un elemento.
	onmouseout	El puntero del ratón sale fuera del área del elemento o fuera de uno de sus hijos.
	onmouseup	Un botón del ratón se libera estando sobre un elemento.
	contextmenu	Se pulsa el botón derecho del ratón (antes de que aparezca el menú contextual).
Relacionados con el teclado	**onkeydown**	El usuario tiene pulsada una tecla (para elementos de formulario y body).
	onkeypress	El usuario pulsa una tecla (momento justo en que la pulsa) (para elementos de formulario y body).
	onkeyup	El usuario libera una tecla que tenía pulsada (para elementos de formulario y body).
Relacionados con formularios	**onfocus**	Un elemento del formulario toma el foco.
	onblur	Un elemento del formulario pierde el foco.
	onchange	Un elemento del formulario cambia.
	onselect	El usuario selecciona el texto de un elemento input o textarea.
	onsubmit	Se pulsa el botón de envío del formulario (antes del envío).
	onreset	Se pulsa el botón reset del formulario.
Relacionados con ventanas o frames UIEvent	**onload**	Se ha completado la carga de la ventana.
	onunload	El usuario ha cerrado la ventana.
	onresize	El usuario ha cambiado el tamaño de la ventana.
	onScroll	El usuario ha hecho scroll sobre la página (HTML).
Eventos sobre la carga de un recurso UIEvent	onLoad, onUnload, onAbort, onError, onSelect	
Relacionados con animaciones y transiciones	animationend, animationiteration, animationstart, beginEvent, endEvent, repeatEvent, transitionend	
Relacionados con la batería y carga de la batería	chargingchange, chargingtimechange, dischargingtimechange, levelchange	
Relacionados con llamadas tipo telefonía	alerting, busy, callschanged, connected, connecting, dialing, disconnected, disconnecting, error, held, holding, incoming, resuming, statechange	
Relacionados con cambios en el DOM	DOMAttrModified, DOMCharacterDataModified, DOMContentLoaded, DOMElementNameChanged, DOMNodeInserted, DOMNodeInsertedIntoDocument, DOMNodeRemoved, DOMNodeRemovedFromDocument, DOMSubtreeModified	
Relacionados con arrastre de elementos (drag and drop)	drag, dragend, dragenter, dragleave, dragover, dragstart, drop	
Relacionados con video y audio	audioprocess, canplay, canplaythrough, durationchange, emptied, ended, ended, loadeddata, loadedmetadata, pause, play, playing, ratechange, seeked, seeking, stalled, suspend, timeupdate, volumechange, waiting, complete	
Relacionados con la conexión a internet	disabled, enabled, offline, online, statuschange, connectionInfoUpdate	
Otros tipos de eventos	Hay más tipos de eventos: relacionados con la pulsación sobre pantallas, uso de copy and paste (copiar y pegar), impresión con impresoras, etc.	

REFERENCIAS BiblioWeb

Organismos.
https://www.w3.org/TR/html5/
http://www.calculardni.es/

Propiedades y Métodos matemáticos.
https://developer.mozilla.org/en-US/docs/Web/JavaScript/Reference/Global_Objects/Math

Algoritmos de ordenación.
 http://www.etnassoft.com/2017/03/24/algoritmos-de-ordenacion-en-javascript-revision-es6/
http://www.enrique7mc.com/2016/10/algoritmos-de-ordenamiento-guia-rapida/

Generador tarjeta de crédito.
http://generatarjetasdecredito.com

Bookmarklets.
https://norfipc.com/inf/javascript-como-crear-bookmarklets-usar-navegador-web.html

Expresiones regulares.
https://www.regular-expressions.info/javascriptexample.html

Proyectos y desarrollos.
https://programacionymas.com/blog/modulos-javascript-commonjs-amd-ecmascript

Explicaciones de depuración.
https://raygun.com/javascript-debugging-tips

Eventos.

https://www.aprenderaprogramar.com/index.php?option=com_content&view=article&id=842:lista-de-eventos-javascript-on-click-dblclick-mouseover-mouseout-change-submit-keypress-cu01159e&catid=78&Itemid=206

https://lenguajehtml.com/p/html/scripting/eventos-html

Expresiones Regulares.

https://regexr.com
http://txt2re.com/index.php3

Otras páginas para analizar.
http://unjavascriptpordia.blogspot.com/2016/01/cambiar-aleatoriamente-el-background-de.html
https://es.wikibooks.org/wiki/Programaci%C3%B3n_en_JavaScript/Operadores_en_JavaScript

www.ingramcontent.com/pod-product-compliance
Lightning Source LLC
Chambersburg PA
CBHW081046180526
45170CB00005B/1718